あなたのペットが迷子になっても

ペット探偵が出会った人と動物の愛の物語

遠藤匡王
ジャパン ロスト ペット レスキュー

緑書房

はじめに

以前一度だけ、ペットの捜索中に知り合った人に「人探し」を依頼されそうになったことがあります。動物を探せるなら人だって探せるはずだ。口をきかない動物より人間を探すほうが簡単だろう、と言うのです。

その場ではもちろん、「人を探すのは専門ではありませんから」と断りました。でも若かった私には、相手の言うことにも一理あるように思えたのです。

人間の場合、動きまわったときに残す手がかりだって多いだろうし、離れたところにいる相手と連絡をとる手段だってある。おまけに目撃者が顔や特徴を覚えている可能性だって、動物の場合よりもずっと高そうだ……という気がしたからです。

根がまじめな私は、当時勤務していたペット探偵事務所の社長に、人探しを頼まれたことを報告しました。そして何気なくひと言、つけ加えたのです。

たしかに、人探しより動物探しのほうが難しいかもしれませんね。

でも社長は、私の言葉をすぐに否定しました。

遠藤くん、それは違う。人探しは、動物探しよりずっと難しいよ。だって、動物はうそをつかないけれど、人は平気でうそをつくから。

あれから20年以上たち、私は社長の言葉は本当だったな、と実感しています。

ペットとして暮らしてきた動物は、家族と離ればなれになった瞬間から命の危険にさらされます。人間と違って、知り合いを頼ることもお金で解決することもできません。自分の力でなんとかしなければ、食べることも飲むこともできない。安全な場所で体を休めることさえできないのです。

そんなとき動物は、ただ生き抜こうとします。簡単にあきらめたり無意味にやさぐれたりせず、「生きていたい」という気持ちに正直に、今できることに向き合っていくのです。

その思いや行動には、うそがありません。そのおかげでペット探偵は、動物たちの行動を先読みして情報を集めたり、捜索したりすることができるのです。

迷子のペットを探し出して保護することは、そのコの命を救うことにつながります。だから私たちは、見つけ出して保護することが動物自身のためにもなる、と信じて仕事を続けることができるのです。

私は捜索の現場で、たくさんの家族に会ってきました。依頼主は皆、「迷子」がペットの命にかかわる問題だということを理解しています。頑張って自力で生き抜こうとしても、残念ながらペットには限界があります。だから、探偵に依頼してまで探し出そうとするのです。ペット探偵の仕事は、捜索対象のペットがいなくなってから始まり、発見・保護した時点で終わります。そのため、実際にペットと触れ合う時間はとても短いのです。

それでも私は毎回、保護した動物に感情移入してしまいます。自宅に戻ったペットが家族に抱かれる姿を見ると、私まで「ああ、やっと帰ってこられてよかった」なんてホッとしてしまうのです。こんな気持ちが生まれるのは、保護するまでの段階で、ペットに対する家族の愛情をひしひしと感じているからだと思います。

本書で紹介しているのは、ペットを愛する家族のエピソードです。

大切なペットがいなくなることは、一緒に暮らす家族にとって大事件です。悲しんだりあたふたしたり、自分でも意外な行動をとったり……。感情表現や行動はさまざまですが、「大切なペットに戻ってきてほしい」という思いは同じです。

周りから見ると首をかしげたくなったり、思わず笑ってしまったりすることもあるでしょう。でも現場では、家族も私も必死！　生き抜くためにひとりで頑張っているペットに負けないぐらい、家族の側も「今できること」を頑張っているのです。

ペット探偵である私は、そんな家族のドラマを間近に見てきました。出演者はおもに人間ですが、陰の主役はペット。そしてドラマのテーマは、いつだって「愛情」です。

ペットをこんなにも愛する人がいる。

そして、こんなにも愛されている動物がいる。

ペットと人間の暮らし方についてはいろいろな考え方があり、正解はひとつではありません。でも、人間とペットの間にお互いを大切に思う気持ちさえあれば、必ずよい関係が生まれる！　と、私は学んできました。

本書で紹介するエピソードが、ペットへの愛情を再確認し、動物と人間の関係を見つめなおすきっかけになれば幸いです。

皆さんとペットの暮らしが、これからも幸せなものでありますように。

２０２０年春　ジャパン ロスト ペット レスキュー　遠藤匡王

もくじ

ペット探偵から飼い主さんへ

著者を除く登場人物、ペットの名前はすべて仮名です。

また、本書内のエピソードはすべて実話に基づいていますが、プライバシー保護の観点などから設定を変更している部分があります。

case 1

眠らない街のアウトローはワンちゃんがお好き？

のどが渇いた……。

1999年、冬の夜。ペット探偵事務所で働きはじめて2年め、20歳そこそこの「ヤング・ペット探偵」だった私は、歌舞伎町の喫茶店で体をこわばらせて座っていました。テーブルの上には、コーヒーも水も灰皿もなし。店内にはあと2組の客がいますが、どちらも、ひと目で「その筋の方」であることがわかります。

そのときの私にできることは、ただひとつ。緊張からくるのどの渇きをひたすらこらえ、早く帰れることを祈るだけでした。

外出先で、愛犬が連れ去られた！

きっかけとなる事件が起こったのは、数日前のことでした。

依頼主である秋田良夫さん・智子さん夫妻は、ミニチュア・ダックスフンドのココアを連れて新宿に来ていました。駅前のファッションビルで智子さんが買い物をする間、良夫さんはココアとともに外で待機。でも支払いをする際、ココアを入れたキャリーケースを入口前に置いて店内に入ってしまったのです。ほんの少しの時間だから大丈夫、と油断してしまったのでしょう。

数分後に戻ってくると、キャリーケースがない！　良夫さんたちは、あわてて近くにいた人に聞いてまわりました。

苦労の末、手に入った情報はひとつだけ。「黒い帽子&黒いコートの背の高い男性が、キャリーケースをもって歌舞伎町方面へ向かった」というものでした。

ふたりはすぐに歌舞伎町方面を探しまわりましたが、ココアも、黒ずくめの男も見当たりません。その後も手を尽くしましたが、発見には至りませんでした。

自宅から離れた場所だということもあり、自分たちでできることには限界があります。そこで、秋田さん夫妻はペット探偵事務所に捜索を依頼。社長の指示を受けて、若手の私がココアの捜索を担当することになったのです。

まだ経験の浅い私にとって、ペットの盗難は初めてのケースでした。自宅から離れた場所で、それも人の手で連れ去られたとなると、いったいどこを探せばよいのか……。自信がないままに現場へ向かった私は、とりあえず周辺の店にポスターを貼らせてくれるように頼んだり、歩行者に声をかけてチラシを配ったり、という通常の捜索を始めました。

でも、ポスターを貼らせてくれたのは薬局が1軒だけ。チラシを受け取ってくれる人もほとんどいませんでした。

まあ、それも仕方ありません。昼間の新宿にいる人のほとんどは、仕事や遊びなどの用事をすませるために来ているだけだからです。数日前、同じ場所に居合わせていた人に出会える確率は限りなくゼロに近いので、チラシなどの効果もそれほど期待できません。おまけに生活の場ではないため、周りの人やできごとへの関心も薄いのです。

「見つかるわけないよ……」と心の中でつぶやきながら、私は駅周辺で情報収集&チラシ配りを続けました。そして夕方からは、住宅街へ移動。犬を散歩させている人に声をかけてはチラシを手渡しました。

3日間の捜索で発見できず

ペットの捜索は通常、3日で1クールです。私が所属していた会社では、犬の場合は基本的に朝10時にスタートし、1時間の休憩をはさんで夜の7時まで捜索を続けることになっていました。朝から晩まで頑張ったけれど、ココアの捜索は1日め、2日めともに収穫ゼロ。最終日である3日めも同様でした。

捜索3日めの夕方6時過ぎ。私は最後の捜索をするために、新宿から電車でひと駅離れた住宅街へ向かいました。冬ですから、その時間は寒いし暗い。おまけに雨まで降ってきて、私の気分は最低でした。

手元に残っているのは、ラスト1枚のチラシです。早くだれかに渡してしまいたい、とキョロキョロしていると、黒いミニチュア・ダックスフンドを散歩させている男性の姿が目に入りました。

こんな天気なのに散歩をさせるなんて、えらいな。

私は素直に感心し、その男性に声をかけてチラシを差し出しました。

「迷子のワンちゃんを探しています。ちょうどおたくのコみたいな毛色のミニチュア・ダックスフンドなんです」

「本当だ！　うちの犬にそっくりですね。うん、わかりました。似ている犬を見かけたら、このチラシの連絡先に電話すればいいんですね」

男性はさわやかな笑顔でうなずき、チラシを受け取ってくれました。

別れた後、何気なく彼の背中を見送っていると、すぐ近くのアパートへ入っていくのが見えました。１階の部屋の扉を開けるとタオルを取り出し、まずは犬の体をていねいに拭いています。

ペットを大切にしているんだな。ココアは見つからなかったけれど、最後に会ったのが、やさしくて協力的な人でよかったな。

私は、少しホッとしました。

時計を見ると、7時を回っています。依頼主への報告は電話で行うことになっていたので、私はその場で携帯電話を取り出しました。

電話に出てくれた智子さんに、かなり言いわけがましい経過報告をし、励ましの言葉をかけるのに7～8分かかったでしょうか。電話を切って、仕事完了！

「やっと帰れる！」とワクワクしながら、私は歩いて新宿駅へ向かいました。

「カタギじゃない方」から情報提供が……

新宿駅の改札を抜けたとき、携帯電話が鳴りました。発信元は、社長です。

「遠藤くん、ココアの件で情報が入った。情報提供者が今すぐ会いたい、って言うんだよ」

「え～？　今からですか？」

「そう。すぐに向かって！　待ち合わせは新宿のFビル前。先方の携帯番号は……」

「はい。わかりました。あーあ、もう帰るところだったのに」

「悪いね。あ、ちなみに相手の方なんだけどね、しゃべり方からして、たぶんカタギじゃないと思うよ。じゃ」

社長は言いたいことだけ言うと、素早く電話を切ってしまいました。

カタギじゃない……？　ってことは、こわい世界の方？

当時の私は、体重60キロ弱のスリムな青年でした。ひょろっと細長い体型に、茶髪のおしゃれパーマ。今風に言えば「草食系」ですが、はっきり言えば「弱そう」な男です。こんな私に、夜の歌舞伎町でヤクザさんと会ってこいと言うなんて……。

社長を恨みながら、私はしぶしぶ歌舞伎町へ向かいました。そしてFビルの入口が見えるところで立ち止まり、社長から聞いた番号に電話を入れてみました。

数回のコール音の後、ひとりの男性が携帯電話を耳に当てるのが見えました。すでに真っ暗なのにサングラスをかけ、業界人のようにネック・ストラップで携帯電話をぶら下げています。でも……。

私はすぐに電話を切り、男性にかけ寄りました。なんと情報提供者は、さっき最後のチラシを渡した人だったのです。

「やさしそうな人」という印象をもっていた私は、「カタギじゃない」という社長の言葉など、瞬時に忘れていました。そして、明るく声をかけました。

「先ほど、ワンちゃんのお散歩中にお会いした方ですよね？　さっそくご連絡をいただき、どうもありがとうございます！」

男性はサングラス越しに、私をジロリと見ました。そしてドスのきいた声で吐き捨てるように言うと、足早に歩き出したのです。

「いいから。ついて来い」

……あれ？

チラシを渡したときは、本当にやさしそうな好青年だったのです。でも今は、明らかに好青年ではない。好青年どころか、はっきり言ってこわい。わずかな時間で、なぜこんなに印象がかわってしまったんだろう？　私は混乱したまま、彼の後を追いました。

細い道を何度も曲がり、どんどんディープな歌舞伎町へ。目的地は、ややあやしげな喫茶店でした。

「今、アニキが来るから。ここ、座って待ってろ」

元・好青年は私を店内に押し込むと、ソファ席をあごでしゃくり、店を出て行ってしまいました。そしてひとり残された私は空っぽのテーブルを前に、地蔵のようにかたまることになったわけです。

「アニキ」登場！

カランカラン。

入口の扉が開いて、ひと目で「アニキ」だとわかる男性が入ってきました。190センチはあろうかという長身を黒革のトレンチコートに包み、黒いハンチングに黒いパンツ、濃いサングラス。黒ずくめのアニキは、私の向かい側のソファにドサッと腰を下ろしました。

「おまえか、犬を探してるのは」

もちろん、声も話し方も迫力十分です。

「おまえ、さっきうちの若い衆が犬を連れてるときに声かけたんだってな。その後、電話でチクってたらしいじゃないか。こっちは、ちゃんと見てるんだよ。飼い主にかけたんだろ？警察にも通報したのか？」

「は？　チクるって？」

「とぼけんじゃねえぞ、コラ！」

アニキにすごまれ、ビクビクオドオドしながら話を聞くうちに、やっと私にも事情が飲み込めてきました。なんと「若い衆」が散歩をさせていたのは、ココアだったのです。運が悪いことに私は、彼のアパートの近くでコソコソと電話をしていました。その姿を見た彼は、

うなのです。

私がその犬がココアであることを鋭く見破り、警察など各所に連絡しているのだと思ったよ

「いいか。あの犬は何日か前に、知らない外国人から50万で買わされたんだよ」

アニキは、めちゃくちゃなことを言い出しました。どんな反応をするべきかわからずに私が黙っていると、さらに続けます。

「こっちは金を出して買ったわけだから、犬を返すにしてもタダってわけにはいかないだろ? まあ、50万もってくればすぐに返してやるよ。ほら、飼い主に電話しろ」

逆らうこともできず、私はアニキの目の前で秋田家に電話をするはめになりました。

「あの、ココアちゃんを保護してくださった方がいらっしゃいまして。ご親切に連絡をくださいまして。それでその、今ご一緒しているのですが、あの、その、ちょっと状況がややこしくてですね、その～……」

本人を前に、「ヤクザさんから高額のお金をゆすられています」とも言えません。電話に出た智子さんは、モゴモゴと支離滅裂な話をする私を不審に思ったかもしれませんが、すぐにかけつけてくれました。

アニキがほしかったのは、お金じゃない!?

自分は犬を50万で買ったこと。盗まれた犬とは思わなかったので、自分も被害者であること。ついてはお金を払え。

アニキの姿を見ても、あやしい事情説明を聞いても、智子さんはビビりませんでした。

「ココアは、うちのコです。いいから、早く返してください！」

毅然とした態度をくずさない智子さんでしたが、やはりアニキのほうが役者が上でした。

「若い衆」に言いつけて、ココアを連れてこさせたのです。

久しぶりの再会です。しっぽを振って大喜びするココアを抱いたとたん、智子さんは泣き出しました。そして、言ってしまったのです。

「わかりました。50万円お支払いします……」

若かった私は、思いました。あ～あ、払うって言っちゃった。

同時に、それよりも強く思ったことがありました。

……やっと帰れる（笑）！

でも家に向かう電車の中で、私はなんとなく思ったのです。アニキはココアを飼いたかったんだ、お金が目的で盗んだわけじゃない、と。

キャリーケースをもち去った男の特徴は、明らかにアニキに当てはまるので、「外国人から買わされた」は作り話でしょう。私がたまたまココアを発見しなければ、身代金（？）要求にも結びつかなかったはずです。

拉致してから1週間ほどたっているから、転売目的とも思えない。それに、「若い衆」に命じてきちんと散歩や体のケアをさせていたし、喫茶店でココアを見るアニキの目はやさしかったし。ココアと自分だけで過ごしているときのアニキはたぶん、ヤクザさんにあるまじき笑顔を浮かべていたんじゃないかなあ……。

事件解決の、その後

ココア発見から2～3日後、会社に警察から電話がありました。相手は、新宿の暴力団対策を担当する部署の警察官。電話の声は、「アニキ」と同じぐらいドスがきいています。

「あの犬の件ね、解決したから。飼い主さんもお金を払わずにすんだし、心配ないよ。まあ、あいつらはさ、ヤクザっていってもチンピラみたいなもんだから」

どうやら秋田さん夫妻は警察に相談し、ココアを取り戻せたようでした。ああ、よかった。やっぱり、警察って頼りになるなあ。私は、警察官への尊敬の念を深めました。

「でね、今日、ちょっと釘を刺しとこうと思って、例の若い衆のアパートに行ってきたんだよ。でも応答がなくてさ。だから、遠藤さんの名刺の裏にメッセージを書いてドアに貼ってきたよ。〝二度と近づくな！〟って書いといたから、もう大丈夫だと思うよ」

は？　どうして、私の名刺に？

「犬の飼い主さんから預かった遠藤さんの名刺が、たまたま手元にあったからさ。まあ、あいつらから連絡があっても、二度と会っちゃダメだよ。じゃ、失礼」

それから2～3カ月、私は新宿に行くことができませんでした。

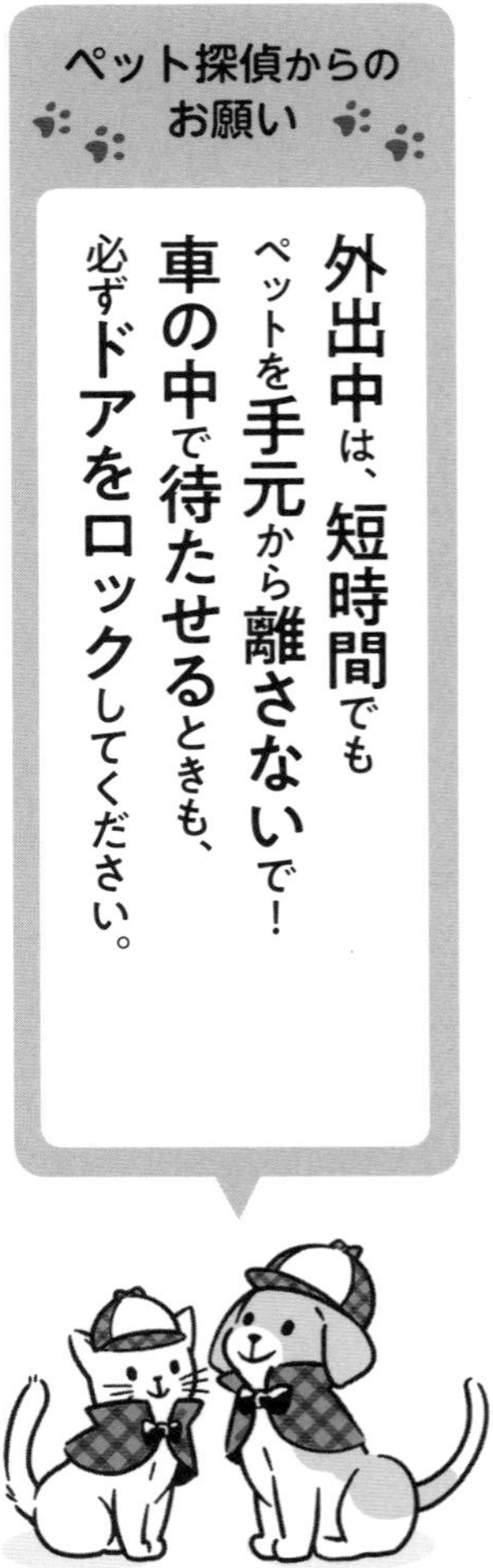
ペット探偵からの
お願い
外出中は、短時間でも
ペットを手元から離さないで！
車の中で待たせるときも、
必ずドアをロックしてください。

case 2

深さ10メートル。古井戸からの救出大作戦

机の上のスマホを取ろうと腕を伸ばしたとき、肘のあたりに軽い違和感を覚えました。寒さのせいか、雨が続く鬱陶しい天気のせいか……。いわゆる「古傷が痛む」というやつです。今では古傷となったけがは、仕事中に負ったもの。きっかけは、1匹の猫でした。

古い井戸に猫が落ちた！

少しかわった依頼をしてきたのは、東京・練馬区に住む太田武さん・理恵子さん夫妻でした。ペットの猫を助けてほしい、と言うのです。ペット探偵は、ペットと依頼主を助けるのが仕事。もちろん、喜んで力になります！　私は元気に答えました。

当時、私は30代半ば。ペット探偵として独立してから日が浅かったこともあり、どんな仕事にも前向きに取り組もう、とやる気に満ちあふれていました。でも太田さんから事情を聞くうちに、自分の手にはあまる仕事かも？　という疑問と不安が芽生えてきました。

太田さんのペットは、チャコという猫。古い農家である太田家の敷地は広く、チャコは普段から、室内と庭を自由に行き来していました。ある日、いつもごはんの時間には家に戻ってくるはずのチャコが姿を見せません。心配になった太田さんが庭を探しまわったところ、なんと井戸の中から鳴き声が聞こえてきました。

太田家の庭にある井戸は、もう50年以上使われていないという古いもの。水は枯れているのですが、普段は重い石のふたをしてあります。でも何かのはずみでふたがずれたらしく、そのすき間からチャコが落ちてしまった、というのです。

デジカメに長いひもをつけて井戸の中を動画撮影してみたところ、チャコは普段どおりに動きまわっており、けがはなさそうでした。なんとか助けられないかとキャリーケースを井戸に下ろしてみたけれど、チャコは中に入ろうとはしません。仕方がないので、今はフードと水を与えて様子を見ている、と言います。

「なるほど……。ということは、チャコちゃんの捜索ではなく、救出、ということになりそうですね」

歯切れの悪い私の言葉から、逃げ腰の姿勢を感じとったのでしょう。太田さんは、あわてたように事情説明を続けました。

チャコが井戸に落ちたことがわかってすぐに、消防署に連絡したこと。消防署員が現場を見に来てくれたけれど、中にいるのが猫だけだと伝えると、救助は難しいと言われてしまったこと。これ以上、どうしてよいかわからず、ペット探偵を探して連絡したこと……。

後から知ったことですが、災害の現場や緊急時を除き、消防によるペットの救助は「公的な団体が発行した書類上で、ペットと所有者（飼い主）の関係が明確に確認できること」が原則のようです。実際には助けてもらえるケースも少なくないようですが、チャコの場合、けがもなく元気そうであることが確認されていたため、少し様子を見たほうがよいと判断されたのかもしれません。

ここまで話を聞いてしまった以上、知らん顔はできません。私は、ひとまず現場の様子を見にいくことになりました。

井戸の底へ救出に向かうのは？

太田さん夫妻は、ともに60代と思われる穏やかなご夫婦でした。チャコのことが心配なのでしょう。約束の時間に私が訪問するとすぐに玄関から出てきて、「事故現場」である井戸へ直行しました。

現場を見た瞬間、私は簡単に引き受けたことを後悔しました。太田家の井戸は、私が想像していたよりずっと古かった！　はっきり言って、ボロボロです。井筒（地上に出ている部分）はコンクリートでかためてありますが、軽く触れただけで、パラパラと小さなかけらが落ちてきます。

おまけに「10メートルぐらい」と聞いてはいたけれど、私はその深さを正しく思い描けていませんでした。実際に上からのぞくと、軽くクラッとするほどなのです。

井戸の内側の壁には爪がひっかかる凹凸もないため、チャコが自力で登ることは不可能。自分からキャリーケースに入ってくれないので、引き上げることもできません。残された救出方法はひとつです。チャコが登ってこられないのなら、人が降りていくしかない。

だれが降りるか？ に対する答えも、ひとつです。太田さん夫妻は、年齢・体力的に除外。消防にも頼めない。一瞬、私の事務所の若手スタッフにやらせちゃおうかな……という思いが頭をよぎりましたが、事故が起きる可能性がゼロではないことから、それも却下。つまり、「私」以外の選択肢はないのです。

次の問題は、どうやって降りるか？ です。最初に思いついたのは、井戸の近くにある木にロープを結び、それを伝って降りること。でもその方法だと、ロープが井筒に触れることになります。そのロープに私の体重がかかったら？ もろくなったコンクリートは簡単にくずれてしまいそう。チャコと一緒に生き埋めになるようなリスクはおかしたくありません。

そもそも私は、レスキュー隊員でも自衛官でもない。ただのペット探偵です。特殊訓練を受けたわけではないのですから、ロープ1本で井戸に降りたり登ったりする技能はありません。若い頃、電気工事のアルバイトで少しだけ高所作業をしたことはありますが、正直に言えば、高いところは苦手です。

でも状況がこうなった以上、なんとかするしかありません。ひとまず準備を整えて、翌日出直すことにしました。井戸の前で考え込む私に、武さんがなぐさめの言葉をかけてくれました。

「遠藤さん、明日は助けになりそうな知り合いを呼んでおきますよ。重機の操作ができる人だから、役に立つかもしれませんよ」

気持ちはありがたいけれど、その人が井戸の中に降りてくれるわけではなさそうです。追いつめられた私の耳には、武さんの言葉は半分ぐらいしか入ってきませんでした。

辞去する前、私は最後の希望を込めて、井戸の中に猫用の捕獲器を下ろしました。キャリーケースとは違い、捕獲器には自動的に扉が閉まる機能がついています。明日までにチャコが一度でも中に入ってくれれば、この件は円満に解決するのです。

お願いだから捕獲器に入ってくれ！　私は井戸の底に向けて祈りました。

井戸の中で感じたのは「生き埋めの恐怖」

ひと晩考えても、安全に井戸に降りる方法を思いつくことはできませんでした。チャコが捕獲器に入った、という連絡もありません。私は覚悟を決め、電気工事のアルバイトをした際に買い取っていたヘルメットと安全帯（命綱付きのベルト）をもって家を出ました。

ペット探偵の仕事に伴うリスクといえば、寒い時期に外を歩きまわって風邪をひいたり、チラシを配る際に紙で手を切ったりすることぐらいのはずです。それなのに、どうしてこんなことになっちゃったんだろう。憂鬱な気持ちを抱えたまま、太田家に到着すると……。

なんと井戸には小型のクレーン車が横付けされ、運転席には男性が座っています。武さんの知り合いは重機の操作ができるだけではなく、重機のオーナーでもあったのです。

その後の展開は、あっという間でした。私はヘルメットをかぶらされ、アームの先端からぶら下がるフックとワイヤーにしっかりつかまっているように言われました。そして問答無用で釣り上げられ、井戸の中に降ろされたのです。

井戸の底についた私は、すぐにチャコを抱き上げ、キャリーケースに押し込みました。キャリーケースをフックに結びつけ、まずはチャコを救出。その後、再び下りてきたワイヤーをガシッとつかむと同時に、「上げてくださーい！」と叫びました。

井戸の中は真っ暗ですが、懐中電灯の光を当てると、壁面にたくさんのひびが入っているのが見えます。私の頭の中は、「井戸がくずれるんじゃないか」という恐怖でいっぱいでした。

一歩間違えたら生き埋めになりそうなこの場から、一刻も早く逃げ出したかったのです。

でも、そのあせりがいけなかったのでしょう。井戸の深さの半分ほどまで上がったとき、私は体のバランスをくずして落下してしまったのです。体を強打し、腕、とくに肘のあたりが痛かったのですが、そのときは外に出ることが最優先。痛めた腕も使って夢中でワイヤーにしがみつき、なんとか井戸から脱出しました。

地上に生還して出会った人は……

外に出て地面に足をつけた瞬間、安心感とそれを上回る痛みが襲ってきました。思わず腕を抱えてしゃがみ込んでいると、頭上から太田さん夫妻の感謝の言葉が聞こえてきました。

「遠藤さん、ありがとうございました」

「本当に、助かりました」

「初めまして」

……え？　初めまして？

聞きなれない声に顔を上げると、武さんの隣に若い男性が立っていました。とっさに状況が理解できずにぼんやりしている私に、理恵子さんが微笑みながら言いました。

「息子です」

私は、全身の力が抜けていくのを感じました。

居場所がわかっている動物のレスキューは、本来、ペット探偵の仕事ではありません。おまけに、深刻な事故にもつながりかねない危険な作業なのだから、現場を見てから断っても文句は言われなかったはずです。

それでも私が引き受けたのは、太田さん夫妻が自力でチャコを救出するのは、年齢・体力的に無理だろうと思ったからです。若い身内が同居、または近くに住んでいることを知っていたら、「ペットの捜索ならお役に立てますが、救出は専門ではありませんので」などと伝え、やんわりと断っていたでしょう。それなのに……。

目の前の「息子」は、どう見ても20代。私より若くて元気そうです。井戸の中に降りていけない理由なんて、何ひとつ見当たらない！

おそらく、親である太田さん夫妻も、そして息子さん本人も、危険なことをしたくなかったのでしょう。私を家の中に通さなかったのも、昨日の打ち合わせに顔を出したのが太田さん夫妻だけだったのも、若い息子さんがいることを隠し、私に仕事を引き受けさせる作戦のうちだったのかもしれません。

チャコを救出できたのはよかったし、太田さんに喜んでもらえたこともうれしかった。でも、何かの試合で負けたときのような、ちょっとしたくやしさも感じました。自分より一枚上手の依頼主に、みごとに一本取られた！　というような気分だったのです。

くやしさに拍車をかけたのが、深く考えもせずに通常の捜索料金で仕事を引き受けてしまったこと。自分の未熟さのせいとはいえ、本気で命の危険を感じたほどの仕事をしたはずなのに、ぜんぜん儲からないのです（笑）。さらに、痛む腕は骨折していたことが判明し、完治までに数カ月もの時間と、それなりの治療費がかかってしまった……というオマケつきだったのでした。

ペット探偵からのお願い

井戸にはふたを！
ペット探偵にはあまり無理をさせないやさしさを！

case 3

タイムリミットは1日！ハムスターを探せ！

捜索対象としてもっとも多いのは、猫。次が犬です。そして「犬猫探偵」ではなく「ペット探偵」を名乗る以上、依頼があれば犬と猫以外の動物の捜索も行います。

でも依頼件数が少ない動物に関しては、経験から得られるデータがほとんどありません。そのため試行錯誤しながら捜索を進めることになり、保護できるかどうかには「運」もかかわってきます。このときのハムスターの捜索のように……。

娘のクラスのペットを自宅で逃がしちゃった！

関根明子さんから電話がかかってきたのは、8月30日の午後でした。捜索対象は、ハムスター。家族が外出している間にケージをこわして脱走してしまったけれど、間違いなく家の中にはいるはず、と言います。そして、切羽詰まった声でこう続けました。

「逃げたハムスターは、小学3年生の娘がクラスで飼育しているものなんです。夏休みの間だけ、うちで世話をしていたんですが、2学期の始業式の日は学校につれていかなければならないんです。夏休みは明日で終わりです。今すぐ来ていただけませんか？」

クラスで飼っている動物を逃がしてしまうなんて、娘さんにとっては最大のピンチ。今ごろ、とてもつらい思いをしているでしょう。すぐにかけつけたいのは山々ですが、あいにくその日は別件が入っていました。私は翌日の午前中に訪問することを約束し、それまで窓を閉め切り、ドアもできるだけ開けないようにしてほしい、とお願いしました。

壁の中から小さな音が

関根家は、ファミリータイプのマンションでした。一戸建ての住宅よりは密閉度が高く、ハムスターが隠れる場所も少なそうです。

とはいっても、私にはハムスターの捜索をした経験がほとんどありません。「こんなところにいることが多い」「こうすれば隠れ場所から誘い出せる」といった経験則は、ほぼゼロです。とりあえず明子さんと娘のみずきちゃんからくわしい事情を聞いておこう、とリビングで打ち合わせを始めようとしたときでした。

カリカリカリ。

どこかから、何かをひっかくような音がした気がしました。ちょっと静かに、と手で合図をして耳を澄ますと、たしかに何か聞こえます。

トントン。カリカリカリ。

私たちは無言で室内を歩きまわり、どこから音が聞こえるのかを探しました。小さな音は、壁の裏から聞こえてきます。そして、あちこち移動していくのです。音の発生源は、逃げたハムスターと見て間違いないでしょう。

私たちは音を追っていきましたが、方向を聞き分けるのは難しく、ときには天井のほうへも移動するため、追跡して捕まえるのは現実的ではありませんでした。

リビングにいたはずのハムスターが、今は壁の裏にいる。ということは、室内から壁の裏につながる入口がどこかにある、ということです。私は追跡をあきらめ、「入口」探しに集中しました。

浴室の換気口にフードを置くと……

最初に思いついたのが、押し入れやクローゼットの天井です。でも関根家では、どちらも開く構造にはなっていませんでした。

ただひとつ可能性が感じられたのは、浴室の天井にある換気口でした。ふたは手で簡単に開けることができますが、見たときはきちんと閉まっていました。そもそも天井の真ん中にあるため、ハムスターが実際にここから入ったとは思えません。でも、壁や天井の裏側につながる入口は、私にはここしか見つけられなかったのです。

私は換気口を開けたまま、縁の部分にハムスターのフードを置いてみました。それがよい方法だと思ったわけではなく、ほかにできることが思い浮かばなかったからです。

建築にはくわしくありませんが、壁や天井の裏側は1世帯ずつ完全に区切られているわけではないでしょう。ハムスターがマンション中を動きまわるようなことになったら、どうすればいいんだろう……。浴室の天井を見上げたまま、私はぼんやりと考えていました。

そのときです。四角い換気口の縁から、ハムスターの顔がのぞきました。なんと、私の適当な、いや鋭い作戦が功を奏したのです。

私はそっと明子さんを呼び、換気口を指さしました。ハムスターは、ポリポリとフードを食べ続けています。

捕獲器を使わず「だっこ」でペットを保護する場合、最後は家族に保護してもらうのが原則です。見ず知らずの私が手を出すと、動物をおびえさせてしまい、逃げられてしまう可能性が高いからです。

「保護していただけますか？」

私はヒソヒソ声で、明子さんに頼みました。でも、明子さんは自信がなさそうな様子で首を横に振りました。

「あのハムスター、私にはぜんぜんなついていないんです。娘のほうがいいと思います」

でも、みずきちゃんは小学3年生。浴用のいすに乗ったぐらいでは、天井に手が届きません。別の部屋から踏み台がわりのものを運びこんだら、その際の物音や気配でハムスターが逃げ出してしまいそうです。

そうこうしているうちに、ハムスターの前のフードが残り少なくなってきました。食べ終わるか、おなかがいっぱいになるかすれば、またどこかへ行ってしまうでしょう。今日は夏休みの最終日。保護のタイムリミットです。

これが最初で最後のチャンスだ。

私は自分に言い聞かせながら、食事中のハムスターにそっと手を伸ばしました。そして無事、保護に成功しました。

みずきちゃんはホッとした様子で、ハムスターをケージに戻しました。明子さんもとても喜び、ていねいにお礼を述べてくれました。

ハムスターはどこから壁の中に？

無事に解決することはできたけれど、このケースでは「運」が味方してくれたような気がします。たまたま壁から音が聞こえたために居場所に気づき、ハムスターが運よく食べものに反応してくれただけ、のように思えるのです。

そもそも、あのハムスターはどこから壁の裏に入ったのでしょう？　保護した換気口はあくまで「出口」であり、「入口」は別にあったはずなのです。家中を見てまわったのに、私には最後までわかりませんでした。

あのハムスターは、壁を自由に通り抜ける特殊能力の持ち主には見えませんでした（笑）。入口が謎のまま残ったのは、やはり「ハムスター探偵」としての私の腕前が未熟だったためでしょう。

ペット探偵からのお願い

ハムスターの捜索は難しい！

ケージから出すときは場所を選んで慎重に！

case 4

このコ、どこのコ？
まさかの猫違い

ペット探しの依頼は無理難題ばかり、というわけではありません。基本の手順どおりに作業を進め、スムーズに発見・保護できることも少なくないのです。

茶トラの猫・マルの捜索が、まさにそのケースでした。まあ、途中までは……。

捜索3日め、スムーズに保護

マルの捜索の依頼主は、河合健司さん・真紀さん夫妻。息子さん、愛猫のマルとともに埼玉県で暮らしています。マルは元・野良猫で、推定1～2歳で河合家に迎えられました。それ以来5年ほど完全に室内飼いを続けていたのですが、数日前、玄関を開けたときに外へ出てしまった、ということでした。

捜索は、マルの特徴がよくわかる写真を提供してもらい、チラシとポスターを作ることから始まります。マルはやや大柄で、しっぽは短め。茶トラのコートは全体に短毛なのですが、しっぽの毛だけは長く、まるで「ほうき」のように見えるのが特徴でした。

初日は周辺にチラシを配ってポスターを貼らせてもらい、河合さんの家を中心に捜索&聞き込みを行いましたが、収穫はありませんでした。でも、やや範囲を広げて捜索を続けていた2日めの夕方、河合さん宅の隣にある駐車場で、マルによく似た猫を発見したのです。

すぐに真紀さんに連絡し、車の下にうずくまる猫を見てもらいました。日が短くなってくる10月下旬のこと。薄暗かったため顔立ちなどはよく見えませんが、特徴のあるしっぽは、シルエットでも十分確認することができます。真紀さんはうれしそうにうなずき、「マルに間違いありません！」と断言してくれました。

呼び寄せることができる犬とは違い、猫は発見したからといってすぐに保護することができるわけではありません。猫の場合、飼い主さんの目の前にいても呼びかけに反応しなかったり、いざというときに逃げてしまったりすることが多いのです。マルも同様で、その日に保護することはできませんでした。

3日め。駐車場の所有者の許可を得ることができたので、前日、マルがいたあたりに捕獲器を置きました。すると、夕方にはマルが捕獲器に入ってくれていたのです。

私は捕獲器に入れたまま、マルを河合家に連れていきました。十分に明るい室内で、私はチラシの写真と目の前の猫をじっくりと見くらべました。

サイズ、毛色、ともにＯＫ。何よりほうきのようなしっぽで、マルであることがわかります。河合さん夫妻と息子さんもマルであることを確認してくれたため、私はマルを室内に放しました。自由になったマルは、すぐに家具の後ろへかけ込んでいきました。慣れない冒険で疲れたため、落ち着ける場所でくつろぎたいのでしょう。

ペットの捜索は、これで完了。河合さん一家に喜んでもらえたのはもちろん、ポスターを回収に行った先でも、何人もの人が「見つかったの？　よかったね！」などと声をかけてくれました。スムーズによい結果が出せたことに、私もとても満足しました。

仕事の締めくくりは、保護した後のペットに異常がないのを確認することです。私は自宅に戻ってから河合家に電話を入れ、マルの様子を尋ねました。健司さんは、明るい声で答えてくれました。

「まだ興奮しているみたいで、さわらせてくれないんですよ。数年ぶりに外に出て、〝野良返り〟しちゃったのかもしれませんね。でも、ごはんはしっかり食べているので、心配はなさそうです。あせらずに、様子を見てみようと思います」

ああ、よかった。私は、「おめでとうございます」と伝えて電話を切りました。マルの件は、これですべて完了です。

帰ってきた猫の様子がヘン!?

「あの～、遠藤さん、ちょっとご相談があるんですが……」

健司さんから再び電話がかかってきたのは、保護から1週間ほどたった頃のことでした。

「マルなんですけど、やたらと外に出たがるんです。夜鳴きも激しいし、いちばんなついていた妻にも体をさわらせないし。どうしちゃったんでしょう?」

家出する前と様子が違うとはいえ、食事や排泄に問題はないといいます。環境や性格による個体差はありますが、外の世界を経験すると、元の生活に戻るのに時間がかかる猫もいます。たぶん、マルもそのタイプなのでしょう。

ペットにかかわるプロとして、依頼主を安心させることも仕事の一部です。私は、落ち着いて答えました。

「健康面の問題はなさそうですし、心配ないでしょう。もう少し時間をかけて、ゆっくり見守ってあげてください」

その1週間後。健司さんから、また電話がありました。

「遠藤さん、マル、まださわらせてくれないんですよ。それどころか、近づくと〝シャー!〟なんて威嚇するようになっちゃって」

健司さんの声は、確実に前回より暗くなっています。マルのことがかなりのストレスになっているのでしょう。

マルが環境の変化に適応するのに時間がかかるタイプだったとしても、少し時間がかかりすぎでは？　という思いも頭をよぎりました。でも、今の私にできるのは励ますことぐらいです。どうしても気になることがあるなら動物病院を受診するように勧め、その日は電話を切りました。

そして、さらに数日後。「もう、どうしようもありません……」と、思いつめた様子の健司さんから連絡がありました。マルの様子は絶対におかしい。家族ではどうにもできないから、おすすめの動物病院を紹介してほしい、と言うのです。

この時点で初めて、私は本格的にいやな予感がしてきました。そして、おずおずと健司さんに尋ねてみました。

「あの、お宅にいる猫は、間違いなくマルちゃんなんですよね？」

「ええ、もちろん。間違いありません！」

健司さんは、力強く即答します。

飼い主さんが自分の猫だと言いきっているんだし、あんなに特徴のあるしっぽをもつ猫はめったにいないもんな……。私は不安を打ち消し、知り合いの獣医師の連絡先を河合さんに伝えました。

動物病院で判明した衝撃の事実

少しのんびりできる年末年始が終わり、通常の仕事モードに戻ってしばらくたった頃、久しぶりに健司さんから電話がかかってきました。それも、ものすごく暗い声で。

「あのですね、遠藤さん。今日、マルを連れて動物病院に行ってきたんです」

私が獣医師を紹介してから、かなりの時間がたっています。私は驚き、思わず聞き返しました。

「えっ？　今日まで受診していなかったんですか？」

「ええ。だって、さわろうとすると怒るから、なかなか連れ出せなくて。今日だって、キャリーケースに入れるのが本当に大変で」

ということは、マルの様子はまったく改善されていないということです。でも、今さらペット探偵に何を相談したいんだろう？　私のそんな疑問を知ってか知らずか、健司さんは、暗い声で淡々と続けます。

「結局、遠藤さんに紹介していただいたところではなく、かかりつけの動物病院に連れていったんです。それでわかったんですけど……」

私の中に、いやな予感がジワジワとよみがえってきました。

「マルは、うちに迎えてすぐに去勢手術をしてるんです。でも、今うちにいるコは、去勢されていないんですよね。このコはいったい、何者なんでしょう?」

ああ、最悪。保護した猫は、マルではなかった! 飼い主さん一家全員が勘違いするほどよく似た、そっくりさんだったのです。

保護された猫にしてみれば、拉致・監禁されたようなもの。外に出たがるのも、家族になつかないのもあたりまえです。私はペット探偵でありながら、猫の誘拐に加担してしまったわけです。

地域猫として暮らしていたマル

その後、河合さん夫妻が近所で聞いてまわったところ、ペットの猫を探している女性がいることがわかりました。さっそくマルのそっくりさんを連れていったところ、その家の猫だったことが判明。猫違いされたコは、無事に飼い主さんのところへ戻ることができました。

そっくりさんの件はなんとか解決しましたが、肝心のマルは家出したまま。健司さんからあらためて依頼を受け、私は再びマルの捜索を始めました。でも失踪してから3カ月近くたっているため、なかなか情報が集まりません。

通常は3日間の捜索を数日延長した頃、やっと有力な情報が手に入りました。

河合さん宅から少し離れたところに住む木下さんは、屋外で暮らす十数匹の地域猫に毎日ごはんをあげています。そして1カ月ほど前から、マルに似た猫が来ている、というのです。

私は真紀さんとともに現地へ向かい、猫たちがごはんを食べにくるのを待ちました。そして1匹の茶色い猫がやって来たとき、真紀さんがささやいたのです。

「遠藤さん、マルです！」

私は、反射的に聞き返しました。

「本当ですか？　間違いありませんか？」

真紀さんは何度もうなずき、はっきり答えました。

「マルです。今度こそ、絶対に間違いありません！」

外での暮らしにすっかり慣れたマルは、人の姿を見るだけで逃げ出すようになっていました。猫たちの世話をしている木下さんに、捕獲器を置かせてほしいと頼んでみたのですが、それはNG。マル以外の猫が入ってしまったらかわいそうだから、というもっともな理由です。捕獲器に入ったからといってけがをするようなことはありませんが、出してもらえるまでは自由を奪われ、ストレスにさらされることになるからです。

捕獲器が使えないなら、家族の手で保護するしかありません。それから約1カ月間、真紀さんはマルのごはんの時間に合わせて、毎日、木下さんの家に通いました。そして少しずつマルとの距離をつめていき、最後はだっこで保護に成功！

マルは数カ月ぶりに、自宅に戻ることができました。その後は以前と同じように、落ち着いて暮らしているとのこと。居心地のよい家とやさしい家族がいる幸せをかみしめていることでしょう。でも自分が不在だった間、約2カ月間も別の猫が自分になりかわっていたことを知ったら……マルはどう思うのでしょうか？

ペット探偵からのお願い

「うちのコであってほしい**」**という思いはわかるけれど、**保護したペットの見極め**は**慎重に**！

case 5

愛はすべてを超える。元保護犬、恋犬との再会

東京の自宅を早朝に出発し、目的地についたのは午前9時頃でした。

山梨県北杜市。山が間近に迫り、人家もまばらな田園地帯です。こんなところで暮らせたら、犬は幸せだろうな。私はそんなことを考えながら、依頼主である井上一夫さんの家を目指しました。

ん？　あれは？

井上家近くの収穫がすんだ畑に、人ごみができているのです。いや、ただ集まっているわけではなく、整列している……？　パッと見では20～30人。そのうちふたりが前に立ち、並んだ人たちに向かって話している様子です。

何かあったのかと車をとめると、集団の中からひとりの男性が抜け出し、小走りで近づいてきました。

「遠藤さんですか？　依頼した井上です」

井上さんは明らかに疲れきり、かなり困っている様子です。そして挨拶もそこそこに、おかしなことを言い出したのです。

「遠藤さん、朝礼に参加してください。だれが何をすればいいか、指示をお願いします。捜索を仕切っていただきたいんです」

朝礼？　捜索の仕切り？

……何それ？

迎えたばかりの保護犬が逃走

今回の捜索対象は、中型のミックス犬・ユキ。依頼があったのは、いなくなってから3日ほどたってからでした。

ユキが井上家にやってきたのは、失踪前日のこと。もともと野犬だったユキは、岡山県のボランティア団体によって動物愛護センターから引き出されました。そしてSNSの里親募集を見た井上さんの家に迎えられることになり、はるばる岡山県から山梨県までやって来たのです。

井上家には犬がノーリードで過ごせる広い庭があり、2頭の先住犬はどちらも元・保護犬。環境といい、里親一家に保護犬と暮らした経験があることといい、ユキには理想的な家庭と言えます。

ユキを迎えた翌日、井上さんの妻・圭子さんは、小学3年生の息子・弘樹くんと一緒にユキを散歩に連れ出しました。ユキが少しでも早く新しい土地になじめるように……と思ったからです。

弘樹くんはかわいいユキがすっかり気に入り、リードをもちたがりました。ユキも落ち着いた様子で歩いていたため、「少しだけ」という約束で、圭子さんは弘樹くんにリードを渡したのです。その瞬間！　何かに気をとられたのか、ユキが猛ダッシュ。中型犬のパワーに負けて弘樹くんは転んでしまい、ユキはリードを引きずったまま、山のほうへ走っていってしまいました。

圭子さんと弘樹くんはすぐに後を追いましたが、追いつけるはずがありません。その後も家族で行方を探し続けたけれどユキの姿は見当たらず、自分から家に戻ってくることもなかった……。私が事前に聞いていた情報は、このようなものでした。

気がつけば捜索隊長に！

後から知ったことを総合すると、こうなります。井上さん夫妻は責任を感じ、私に依頼する前に、譲渡元である岡山県のボランティア団体に事情を打ち明けていました。すると知らない土地で迷子になったユキを心配し、ボランティア団体から数名のスタッフがわざわざ山梨県までやって来たのです。

同時に、井上さんはSNSでユキの目撃情報を求めました。ほしかったのは「情報」だけだったのですが、その投稿に自宅の住所なども書き添えてしまったため、それを見た自発的な「協力者」たちも各地から集まってきました。

畑の中で「朝礼」をしていたグループの正体は、こうして結成されたユキの捜索隊でした。皆、善意から集まってくれているのですが、引き取って間もないユキを逃がしてしまったことを「深刻なミス」と考えており、井上さん夫妻に向ける視線はとても厳しいものでした。おまけに横のつながりがない集まりのため、仕切り役がいない、という問題もありました。ユキを助けたい気持ちは満々だけれど、何から手をつけるべきかわからない……。そんなところに私が到着した、というわけです。

ペット探偵はペットの捜索をするのが仕事ですが、通常は自分ひとり、または気心が知れたスタッフと数人で動きます。数十人もの捜索隊を指揮した経験などなく、何をどうすればよいのか、まったくわかりません。本音を言えばやりたくないけれど、困ったことに、断れる雰囲気でもない（笑）。私は仕方なく、畑の中に並ぶ人たちのところへ向かいました。

「捜索隊」のメンバーは、当時の私より年上の40～50代が中心でした。井上さんに対して「かわいそうな犬を逃がしてしまった無責任な飼い主」という思いを抱いている人が大半のせいか、皆ピリピリしています。

そして、その場の雰囲気をさらに異様なものにしていたのが、畑の真ん中に置かれた1台のデッキでした。ユキを呼び戻せれば、という思いからでしょう。スピーカーからは、「ユキちゃ～ん。ユキちゃ～ん」という呼びかけが、大音量&エンドレスで流されていたのです。ここはもう、ハッタリで乗り切るしかない。私は内心の不安を必死で隠し、「捜索隊」をいくつかのグループに分けました。

近くを捜索する班、山の中を捜索する班、周辺の地域で聞き込みをする班、チラシを配ったりポスターを貼ったりする班……。そして、捜索隊長っぽく見えることを祈りながら捜索開始を宣言しました。

では皆さん、頑張りましょう！

頼みの綱は北海道に住む恋犬

捜索隊の全員、もちろん私自身も頑張りましたが、1日めの捜索は収穫ゼロ。近くには民家も人通りも少ないため、新しい情報も手に入りませんでした。

2日めの朝も、畑の中の朝礼から始まりました。この日はチラシ配りやポスター貼りの人数を減らし、人海戦術で周辺を歩きまわりました。

元は野犬で山育ちのユキは、目の前の山にいる可能性が高い。山での暮らしに慣れているので、自力で生き延びることはできるでしょう。でもその分、山の中で私たちに発見される確率は低いように思えました。

このままではダメだ。

そう思った私は、ユキをよく知るボランティア団体の上田さんに、ユキが好きなものを尋ねました。たとえば好きな食べものなどを使って、山から誘い出すことができないか？と考えたのです。

「ユキが好きなもの……。あっ！クックですね」

は？クック？

とまどう私に、上田さんは説明してくれました。ボランティア団体の施設にいた頃、ユキは、犬にも人にも気を許さなかったこと。でも、そんなユキが仲よく遊んだ犬が1頭だけいたこと。クックとは、その犬の名前でした。

孤独だったユキの、たった1頭の友だち。そんな犬がここにいたら、ユキは山から出てくるかもしれません。でも、岡山県からの距離を考えると、さすがに「すぐに連れてきてください！」とは言いにくい（笑）。そこで私は、さりげなく聞きました。

「そうですか……。クックは……岡山にいるんですよね？」

「……」の部分で、「遠いのはわかっているけれど、連れてきてもらえませんか？」という思いを最大限に匂わせる、オトナの作戦です。でも上田さんの答えは、私の予想を超えるものでした。

「いやいや、クックは里親さんが決まって、北海道に引き取られたんですよ」

北海道！　移動にかかる時間と手間、さらに「今すぐ」でなければならないことを考えると、とても来てもらえるとは思えません。でも、だからといって頼みもせずにあきらめるのはもったいない！　私はオトナの作戦を捨て、上田さんに頼み込みました。

クックを引き取った方に電話してみてもらえませんか？　こちらの事情を説明して、クックを連れてきてくれるように頼んでもらえませんか？　ずうずうしいのは、わかっています。でも、そこをなんとか。お願いしますお願いしますお願いします！

恋犬の声がユキを呼び戻した

驚いたことに、クックの里親である榎本さんは、私たちの依頼を快諾してくれました。そして翌日の昼ごろ、クックとともに現地に到着したのです。

ミックス犬のクックは毛色が黒っぽく、ラブラドール・レトリーバーぐらいの体格です。榎本さんによると、大きな体に似合わずさびしがり屋で、近くに人がいないとすぐに鳴き出すのだとか。ボランティア団体の施設にいた頃はユキだけに心を開き、いつも一緒に過ごしていたそうです。

犬の聴力は、人の約4倍といわれています。ユキが山の奥にいたとしても、クックの声が聞こえれば出てくるかもしれない。そう思った私は、榎本さんに頼んで、山に面した木にクックをつないでもらいました。そして、少し離れた茂みの後ろに隠れました。

榎本さんの姿が見えなくなるのとほぼ同時に、クックが鳴き出しました。クンクンという小さな声ではなく、遠吠えのような鳴き方です。

ユキが気づくまで、大きな声で鳴いてくれるといいな。

そんなことを思ったときです。山から続く竹やぶが揺れるのが見えました。ガサガサと葉がこすれる音も聞こえます。「何か」が、山からこちらに向かっている……!?

竹やぶから飛び出してきたのは、白い犬でした。ユキです。

クックが鳴き出してからユキが姿を現すまでの時間は、私の体感で30秒ほど。2日半、必

死で探しても見つからなかったのに……。

ユキはクックの周りを跳ねまわり、においをかいだり、チューしたり。最愛の相手に会えたうれしさが、全身からにじみ出ています。

茂みの後ろでは、捜索隊から驚きの声が上がっていました。

おお〜、本当に来ましたね！

ああ、よかった〜。

私も、心からホッとしました。が、それはだれかがこう言うまででした。

「で、遠藤さん。どうやって保護するんですか？」

……しまった！　それを考えていなかった！

保護の仕上げはペット探偵の手で

「クック作戦」の効果はすばらしかったけれど、30秒でユキが出てくるなんて想定の範囲外でした。私の頭の中はユキを「見つける」ことでいっぱい。見つけた後に「保護する」ところまで考えが及んでいなかったのです。

人と暮らした経験が浅いユキには、まだ心から信頼できる人はいません。ここでノコノコ出ていったら、きっと逃げてしまうでしょう。でも離れた場所から眺めているだけでは、何も進展しません。とりあえず、ユキとの付き合いがもっとも長い上田さんに近づいてみてもらうことにしました。でも人の気配を感じた瞬間、ユキは緊張し、山へかけ戻ってしまいました。残念ですが、仕切り直しです。

食べもので誘い、犬が中に入ると扉が閉まる「捕獲器」を使う方法もあるのですが、ユキは岡山で保護された際、捕獲器を経験しています。犬の場合、２度めは通用しないことも多く、何より新しい家族の元にやって来たばかりのユキにいやな思いをさせたくありませんでした。よい方法はないかとキョロキョロしているとき、私はふいにひらめきました。

そうだ。車を捕獲器がわりにすればいいんだ！

当時、私はステーション・ワゴンに乗っていました。後ろの座席を倒してフラットにし、バックドアだけを全開に。そして、助手席のシートにクックのリードを固定すれば、ユキ用の捕獲器の完成です。私たちは準備を整えると、再びクックからは見えないところに身を隠しました。

律儀なクックは、車内でひとりにされた途端、大きな声で鳴きはじめます。そして今回も、クックの声が聞こえるとすぐに、ユキが走ってきました。

車の中に入るのはさすがにためらうだろう、とだれもが思っていました。でも驚いたことに、ユキはクックだけを見つめて一直線に車に飛び込んだのです。

本物の捕獲器は、犬が中に入ると自動的に扉が閉まります。でも今回の「車タイプ捕獲器」の場合、扉は人の手で閉める必要があります。その作業こそ、プロである私の仕事（笑）！

私は隠れ場所から飛び出しました。ユキとクックが助手席でじゃれ合っているのを確認し、バックドアをバタン。そして捜索隊のほうに振り向き、決めゼリフを叫びました。

「オッケーでーす！」

ユキは新しい里親さんを探すことに

ユキとの束の間の逢瀬を楽しみ、クックは北海道へ帰っていきました。そしてユキは上田さんたちと一緒に岡山へ戻り、里親さんを探しなおすことになりました。

ユキを逃がしてしまったのはたしかに不注意でしたが、井上さん一家は、ユキのよい家族になれたと思います。でも残念ながら、里親探しのために努力を重ねてきた上田さんたちにとって「迎えて間もない犬を逃がしてしまう」というミスは見過ごせないものでした。

里親を希望する人も、保護犬を送り出す側も、「犬を幸せにしたい」という思いは同じ。

小さな不注意のためにこんな結果になってしまったのは、とても残念な気がしました。

自宅に向かいながら、私はぼんやりと今回の捜索を振り返りました。ユキを保護することができたのは、おもにクックと榎本さんのおかげです。情報集めも付近の捜索も、すべて空振り。捜索隊長であるはずの私自身はまったくといっていいほど活躍していません。

ペット探偵としての見せ場は、車のバックドアを閉めた瞬間ぐらい。それ以外は、どう考えてもクックのお手柄なのです。

「オッケーでーす！」とカッコつけて叫んだ私に、クックはあきれていたかもしれないな。

ハンドルを握りながら、私は思わず照れ笑いを浮かべていました。

ペット探偵からのお願い

犬のパワーは見た目以上。慣れるまではリードをもつとき油断しないで！

case 6

心霊現象？夜中に響く鳴き声の謎

怖い話に似合うのは、犬より猫のような気がします。暗闇で「ワン！」と吠えられても、「あ〜、びっくりした！」と驚くだけ（笑）。でも、消え入りそうな声で「ニャ〜……」と聞こえてきたら？　そして、あたりを見回しても鳴き声の主が見当たらなかったら？

たとえ猫好きでも、ちょっとゾクッとするのではないでしょうか。

高層階から消えるペットの謎

マンションの高層階からペットがいなくなる、というと、不思議に思う人もいるかもしれません。一戸建てにくらべてマンションは出入口や窓が少なめ。おまけに高層階ともなれば、窓からベランダへ出てもそこで行き止まりです。玄関から脱走したとしても、エレベーターに乗って屋外へ出ていけるわけではありません。

そう考えると、室内にいなくても、ベランダか外の通路にいるんじゃない？　という気がします。でも実際は、高層マンションでペットが行方不明になる事例も少なくないのです。

12階からいなくなったナナはどこへ

「これがうちの猫です」

依頼主である佐々木美奈さんは、スマホを差し出し、ナナの写真を見せてくれました。フワフワの長毛がおしゃれなナナは、佐々木さん夫妻が暮らすスタイリッシュなタワーマンションによく似合います。

ナナが姿を消したのは、3～4日前。気づいたらいなくなっており、もちろん家中を探したけれど見つからなかった、とのことでした。

部屋の外へつながっているのは、ベランダと玄関だけです。佐々木さんの家は12階。ベランダは1世帯ごとに区切られた構造になっているため、隣の家に迷い込むことは考えられません。

となると、残るは玄関。おそらく佐々木さん夫妻のどちらかが外出した際、ドアのすき間から外に出てしまったのでしょう。

失踪から数日たっているため、ナナが12階の共用スペースにいるとは考えにくい。住人のだれかと一緒にエレベーターに乗り込めばさすがに気づかれるはずなので、ナナは非常階段を使って上または下へ移動したと思われます。

こうした場合、最初にするべきなのは、逃げたペットではなく管理人さんを探すことです。なぜかと言うと、マンションの玄関に設置された防犯カメラの映像を確認することができれば、捜索の方向性が決まるからです。

外へ出ていくナナが映っていたら、周辺の捜索に集中。でも映っていなかったら、マンション内に隠れていたり、他の住人に保護されたりしている可能性が高い、ということになるわけです。

とはいえ、今は個人情報の管理が厳しい時代。たとえ住人のペット探しのためであっても、映像を見せてもらうことはできません。でも稀に親切な管理人さんがいて、管理人さん自身が過去の映像を調べてくれることもあるのです。このときもダメもとで頼んでみたのですが、残念ながら映像の確認はできませんでした。

夜中に聞こえる猫の声は本物か。それとも……?

私は、「マンション内」と「マンション周辺」のふたつの方向でナナの捜索を進めることにしました。マンションの周辺には通常の手順どおりチラシを配り、近くのお店などに頼んでポスターを貼らせてもらいます。

同時に1階から最上階までマンションの共用部分をすべてチェック。ナナが隠れていないことを確認し、管理人さんにも猫の出入りに気を配ってくれるようにお願いしました。

捜索を始めた翌日、さっそく1本の電話がありました。電話の相手は、ナナ捜索のチラシを見たという女性です。

多くの場合、情報提供者は、すぐに捜索対象のペットを「いつ、どこで見たのか」を伝えてくれます。でも彼女はまず、ナナがどのあたりで逃げたのかを聞いてきました。

いたずらやいやがらせを防ぐため、ペット捜索のチラシやポスターには依頼主の情報をいっさい記載していません。電話の女性に対しても、私はマンション名を伏せて「○○町×番地です」とだけ伝えました。チラシ類は自宅周辺でしか配っていないので、情報が本物なら、提供者は地元の人のはずです。地元の住民なら、町名と番地だけでおおよその場所の見当がつけられるだろうと思ったからです。

私の答えを聞くと、彼女はおずおずと切り出しました。

「そうですか。あの～、私のことをヘンな人だと思わないでくださいね。実は……」

一昨日ぐらいから、夜中に猫の鳴き声が聞こえる。でも声がとても小さくて、空耳のような気もする。ずっと気になっていたところにチラシを見たので、連絡してみた。

彼女の話は、おおよそこんな内容でした。

私はもう少しくわしい話を聞きたかったのですが、彼女自身が、自分の言っていることを信じきれていない様子でした。そして、「気のせいかもしれないので、また聞こえたらあらためてご連絡します」と電話を切ってしまいました。

部屋に残した魚肉ソーセージが消えた!

もう一度かかってくるといいな。私のそんな期待に応えるように、翌日、同じ女性から連絡がありました。

昨日も、夜中に一度だけ「ニャ〜」と鳴き声がした。小さな声だったけれど、絶対に気のせいではない。そしてその声は、部屋の中から聞こえた気がする……。

もちろん彼女はすぐに、猫が隠れていそうな場所を見てまわりました。でも猫の姿はどこにもなかった、と言うのです。

彼女の声は、かなりおびえていました。それも当然です。猫がいないのに声がするなんて、シンプルにこわい(笑)。もしかして心霊現象？ なんて気がしてきても無理はありません。

でも、私の「ペット探偵の勘」がささやきました。

たぶん、彼女の部屋にいる。

猫は隠れるのが上手な生きものです。彼女のチェックをすり抜けて、室内に潜んでいる可能性は十分にあります。私は、彼女にひとつの提案をしました。

「明日の出勤前、室内に猫が食べそうなものを出しておいてみていただけませんか？」

彼女は了解し、結果を連絡します、と約束してくれました。

そして、翌日。

「遠藤さん、なくなってます！　私、玄関に魚肉ソーセージを置いていったんです。でも帰ってきたら、ありません！」

彼女の部屋に猫がいることは、これで確定です。そして次の彼女のひと言で、その猫がナナであることを確信しました。

「実は私、先日教えていただいた番地のマンションに住んでいるんです」

彼女の部屋は7階。部屋番号を聞くと、12階にある佐々木さんの部屋の真下にあたる部屋でした。

マンションは、各階の構造が同じか、よく似ているのが普通です。そのためマンション内で迷子になったペットが別の階に移動した場合、フロア内で同じ位置にある部屋に迷い込んでしまうことも少なくないのです。

私は室内にいる猫がナナである可能性が高いことを伝え、美奈さんと一緒に彼女の部屋を訪ねる許可をもらいました。

帰る「階」を間違えたナナ

情報提供者は清水さんという若い女性で、ひとり暮らしをしていました。まずは3人で室内を見てまわりましたが、ナナの姿はありません。美奈さんが呼びかけても、出てくる様子はありませんでした。でも私には、絶対にここにいるという確信がありました。だって、魚肉ソーセージが消えたのですから（笑）。

ここからが、ペット探偵の腕の見せどころです。私はバッグからサッ！　とファイバースコープを取り出し、家具の後ろなどをていねいに確認していきました。

ナナは、清水さんのベッドの下に隠れていました。呼んだりおやつで誘ったりしても出てこなかったため、最後は美奈さんに力ずくで引っ張り出されて、保護は完了。ナナは、無事に自宅へ戻っていきました。

猫は動きが素早いため、ドアを開け閉めするときなどにするりと出入りしてしまうことが珍しくありません。ナナは自分の家から抜け出してちょっと冒険し、家族にバレないうちに家に帰ったつもりだったのかもしれません。ナナの誤算は、フロア内の位置は正しかったけ

case 6

心霊現象？　夜中に響く鳴き声の謎

れど、階を間違えてしまったことでした。

猫の声が聞こえる気がしたとき、清水さんは真っ先にベッドの下を確認しました。そのときはナナの姿は見えず、気配も感じなかったそうです。でもおそらく、ナナはそのときも同じ場所にいたのではないかと思います。

ナナは、清水さんの家に入ってすぐに間違えたことに気づいたはず。でも身を守る本能から、知らない人の前にノコノコ出ていくような危険はおかせなかった。見つかりにくい隠れ場所で、じっと静かにしているしかなかったのです。清水さんの部屋に潜伏していた数日間、ナナはまさに「借りてきた猫」になっていた、ということでしょう。

ペット探偵からのお願い

マンションでペットがいなくなったときは、両隣に加えて上下の階にも確認を！

case 7

美人家出猫・源氏名はクロエ

ペット捜索の基本的な流れは、情報収集→現場での捜索→保護です。

ペット探偵というと、ひたすら屋外を歩きまわり、草むらをかき分けて犬や猫を探す……というイメージがあるかもしれません。実際に歩きまわって探してはいるのですが、足を使った捜索と並行して、必ず情報収集も進めています。勘に頼ってやみくもに探すより、情報を元にしたほうが成功率が高いからです。

情報収集のための主力ツールは、チラシとポスターです。時代遅れなようですが、ペットの捜索に関してはアナログな手段が力を発揮するのです。

SNSなどで情報を求めてしまうと、広範囲から情報が集まる可能性があり、かえって混乱してしまいます。ペットの捜索は比較的狭い地域で行うため、情報を求める範囲を限定できる方法が適しているのです。

チラシなどを見た人から情報が入ったら、現場へ急行。ただし、迷子のペットが目撃されてから私が現場に到着するまでには、タイムラグがあります。そのため、目撃された場所に行きさえすれば保護できる、とは限りません。多くの場合、その周辺をあらためて捜索する必要があります。

ただしときには、目撃情報に基づいて現場に行ったら、目の前に探しているペットがいた！

なんてケースもあります。行方不明だった猫の福のように。

失踪後数カ月たってからの捜索依頼

熊田智美さんから捜索依頼の電話があったのは、福の姿が見えなくなってから3〜4カ月後のことでした。

猫の場合、家を出た直後は自宅の近くにいることがほとんどです。でも外での暮らしが長くなると、すでに縄張りをもつ野良猫との力関係などから別の場所へ移動してしまったり、自宅以外にごはんをもらえる場所を見つけてしまったりすることも珍しくありません。そのため、失踪後、時間がたつほど保護できる可能性は低くなってしまいます。私は熊田さんにそのことを説明したうえで、福の捜索を引き受けました。

熊田さんの自宅は、マンションの1階。3歳になる福は子猫の頃から、窓から自由に出入りしていました。でも、外へ遊びに行ってもごはんは必ず自宅で食べていた福が、ある日を境に帰ってこなくなってしまったのです。

これといった手がかりも得られなかったので、私は通常どおり、熊田家の周辺から捜索をスタートすることにしました。ポスター貼り、チラシ配りと並行してマンション周辺を歩きまわってみましたが、1日めは収穫なし。2日めの捜索を終えたときには、私はすでに、ややあきらめモードになっていました。

行方不明のペットの「就職先」は

でも事務所に戻った直後に、有力情報が入りました。電話の相手は、熊田さんの自宅がある地域で猫の保護活動をしているという女性。猫を探しているポスターを見た、と断ったうえで、福の失踪時期を尋ねてきました。私がいなくなった日を伝えると、女性の声がパッと明るくなりました。

「その子なら、無事ですよ。ちょうどそのコがいなくなった頃、一緒に活動しているメンバーが、ポスターのコにそっくりの猫ちゃんを保護したんです。白黒の毛でちょっとかわった柄だったから、印象に残ってるんです」

「ありがとうございます。今、どこにいるんでしょう?」

福が無事だと聞き、私は心からほっとしました。あとは居場所さえ教えてもらえれば、すぐにでも迎えにいくことができます。でも女性の答えは、かなり意外なものでした。

「少し前にオープンした、駅前の〝保護猫カフェ〟をご存じですか?　あのコ、保護された時点では探している飼い主さんもいないようだったし、首輪もしていなかったから、野良ちゃんだろう、ということになって……。今はカフェのキャストとして里親さんを探していると思いますよ」

「保護猫カフェ」とは、動物愛護団体などが運営する「猫カフェ」です。一般の「猫カフェ」と異なるのは、「保護猫カフェ」は里親探しを目的としていることです。

お店にいるのは、飼い主のいない猫たち。来店者はお茶をしながら猫と過ごし、相性のよいコを見つけたら里親に立候補することができるのです。

失踪した後、熊田さん一家はもちろん福を探していました。でも「自分から帰ってくるかもしれない」という期待もあったため、大々的にチラシを配ったりポスターを貼ったり、ということはしませんでした。そのため保護してくれた人には、福に飼い主さんがいることがわからなかったのです。

私は電話を切ると、すぐ熊田さんに連絡を入れました。同時にパソコンを立ち上げ、店名を聞いておいた「保護猫カフェ」のサイトを開きました。

熊田さんに事情を説明しながらサイトに目を通していくと、「キャスト」というタブを発見。ポチッとクリックして開いたページには、かわいいキメ顔をしたお店のコたちの写真がずらりと並んでいました。

私は熊田さんにアドレスを転送し、同じページを見てもらいました。すると……。

「遠藤さん、いました！　一番上の段、左から2番めの写真のコ。これ、絶対に福です！」

福の顔写真の下には、「クロエ」と書かれていました。どうやら失踪後の福は、「クロエ」というおしゃれな源氏名でお店に出ていたようでした。

飼い主さんと再会し、出稼ぎ終了

翌日、私と熊田さんは「保護猫カフェ」へ。私が探すまでもなく、福は店内で仕事にいそしんでいました。

カフェのキャストとはいえ猫ですから、「いらっしゃいませ～」と来店者に愛嬌を振りまくこともなく、淡々とした様子。久しぶりに熊田さんと再会しても大騒ぎせず、「ああ、やっと来たの」とでも言いたげです。でも熊田さんは元気そうな福を見てとても喜び、心からホッとした様子でした。

私たちはカフェの責任者と一緒に、「クロエ」が保護された時期と福が失踪した日を確認しました。そして熊田さんが持参した子猫の頃からの写真を見せ、熊田家のコであることを

case 7

美人家出猫・源氏名はクロエ

証明。福は無事、熊田さんに返され、自宅へ帰っていきました。

「クロエ」と呼ばれた数カ月間、福はどんな気持ちで過ごしていたのでしょう？　猫の仲間に囲まれ、不特定多数の人と触れ合う毎日は、家族と暮らす生活とはかなり違っていたはずです。数カ月間の「出稼ぎ」はつらかったのか、それとも楽しかったのか？　答えは、福にしかわかりません。

ちなみに「保護猫カフェ」のスタッフによると、「クロエ」と名付けられたのは、鼻の近くにある黒い毛が印象的だったためなのだとか。おしゃれな響きから「Chloe」というフランス風のスペルを思い描いていましたが、実際は「黒江」だったのかも（笑）……。

ペット探偵からのお願い

野良猫と間違われると
善意で保護されることも。
ペットの猫を外に出すなら マイクロチップや首輪をつけてあげて！

case 8

経費？
それとも身代金？
ワンワン詐欺にご用心

ヨークシャー・テリアのソラを保護してから10日ほどたった頃だったでしょうか。私のスマホに、非通知の電話が入りました。

「あのさ、この前の犬だけどね。おれの知り合いがまだ保護してるけど、どうすんの?」

聞き覚えのある声と少し荒っぽい口調で、相手がだれなのかすぐにわかりました。電話の向こうの男性は、挨拶もなし、名乗ろうとさえせず、ベラベラとまくしたてます。

「なんなんだよ。飼い主はさ、あの犬いらないのかよ?」

私は、あえて穏やかに答えました。

「ああ、ソラちゃんですね。あのコでしたら、もう無事に保護してますよ。お知り合いが保護されているのは、別のワンちゃんじゃないでしょうか」

言い終わると同時に、私はブツッと通話を切ってやりました。

ペットの敵め。恥を知れ!

なんだかあやしい情報が届く

千葉県に住む篠原弘子さんからの依頼には、とくにかわった点はありませんでした。夜の散歩中、首輪が抜けて愛犬・ソラが逃げてしまった。その後2日間、家の近くや散歩コースを自分で探してみたけれど見つからない……。私は内心、通常の3日間の捜索で保護できそうなケースだな、と思いました。

失踪から少し時間はたっていますが、ソラは小さな犬。そう遠くへは行けないはずです。私は、捜索範囲を篠原さん宅から半径3キロに定め、通常の手順どおりにチラシやポスターなどで情報収集を始めました。

が、2日めの捜索を終えた時点で情報はゼロ。翌日は悪天候になりそうだったので、1日あけて情報を待ち、明後日に捜索を再開することにしました。

天気予報どおり大雨になった日、ソラに関する初めての情報が入りました。スマホを取り上げると、画面には「非通知設定」の表示。非通知の電話の中には、善意の情報提供以外のものも含まれていることがあります。私は気を引き締めて電話に出ました。

電話の相手は、中年と思われる男性でした。話し方に落ち着きがなく、言葉づかいもていねいとは言えません。

「千葉でさ、ヨークシャー・テリア探してるのあんたでしょ？ ソラだっけ？ あの犬ね、こっちで保護してるから。でもおれじゃなくてさ、おれの知り合いが家に連れて帰って世話してるんだよね」

初めての情報はうれしかったけれど、この男性からは少しうさんくさい印象を受けました。保護している人の連絡先などを尋ねようとすると、私を遮るように早口で話し続けます。

「あのさ、犬を早く返してあげたいから、飼い主の電話番号を教えてもらえないかな。おれから直接電話したほうが、待ち合わせ場所も決めやすいだろ?」

チラシやポスターには、連絡先として私または事務所の電話番号を掲載しています。情報提供者が依頼主本人とコンタクトをとる必要はないし、そうしたがる人など、まずいません。

私の中で「あやしいぞ〜」という気持ちが強まってきましたが、だからといって情報がにせものとは限りません。ここはきちんと対応し、聞くべきことを聞いておくのが得策です。

「わかりました。でも申しわけありませんが、連絡先は個人情報ですので、ご本人の許可なくお伝えすることができないんです。飼い主さまに確認して私から折り返しますので、お電話番号を教えていただけないでしょうか?」

「あっそう。じゃあ、こっちから1時間後にかけ直すから、聞いといて」

男性は結局、自分の名前も連絡先も言わないまま電話を切りました。

私はすぐに篠原さんに連絡し、現状を報告しました。そのうえで、「飼い主さんの連絡先」として、私のもう1台のスマホの番号を教える許可をもらいました。電話の男性が何かよからぬことをたくらんでいる可能性もあるため、篠原さん本人の電話番号や住所は知られないほうがよい、と思ったからです。

ペットと引き換えに「経費」を要求

男性は約束どおり、1時間後に電話をかけてきました。私は「飼い主の山田さん」の連絡先として、自分のスマホの番号を伝えました。さらにソラの様子を尋ねてみると、彼はなめらかに答えました。

「知り合いが言うには、元気らしいよ。元気なんだけどさ、家で世話してるから、エサや首輪を買わなきゃならならなかったみたいだよ。動物病院にも連れていったらしいし。そんなこんなで、ある程度、金がかかったって言うんだよね。それ、飼い主に払ってもらえるよね？」

「ええ、もちろんです。ちなみに、おいくらぐらいでしょうか？」

「1万5000円、って言ってたかな」

「そのぐらいの金額でしたら、何も問題ないと思います」

「そう。じゃあ、後でおれから飼い主に連絡するよ」

彼は、挨拶もなしにプツッと電話を切りました。

私の2台めのスマホが鳴ったのは、それから2時間ほどたってからでした。モニターには「非通知設定」の文字。先ほどの男性からの電話でしょう。私は深呼吸をし、普段より低い声で電話に出ました。

「はい、山田です」

「あ、山田さん？　さっきペット探偵から連絡があったよね？　おたくの犬をね、私の知り合いが預かってるんですよ。その犬を返したいんだけど」

「ありがとうございます。ご親切に。すぐにでも迎えに行きます。いつ、どちらにうかがえばよろしいですか？」

男性は待ち合わせ場所として、篠原さんの家から2キロほど離れたところにあるコンビニエンスストアの駐車場を指定しました。時間は、明日の午後1時。さらに彼は、自分の車の色と車種を伝えてきました。そしてもちろん、ソラのために1万5000円かかった話をするのも忘れませんでした。

ちなみに、「飼い主の山田」が私であることに気づいた様子もありませんでした。私の演技は、なかなかのものだったようです。

篠原さんは翌日、家族と一緒に待ち合わせ場所に行くことになりました。私の同行は不要とのことだったので、信用できる相手とは限らないから注意が必要、と重ねて伝え、何かあったらすぐに警察を呼んでください、とアドバイスしました。

犬を連れずにやってきた情報提供者

翌日、待ち合わせよりやや早い12時半頃、篠原さんから電話がありました。

買い物客のふりをして早めに待ち合わせ場所のコンビニエンスストアに行ってみたところ、情報提供者のものと思われる車がすでにとまっている。車には男性がひとり乗っているけれど、車に近づいて確認してみても犬が乗っている様子はない、と言うのです。

自分から待ち合わせを提案しておきながら犬を連れてこないとは、どう考えてもおかしな話です。でもわずかではありますが、本当にソラを保護していて、「知り合い」の家まで車で先導しようと思っている、という可能性もあります。私は篠原さんに、いちおう声をかけてみることを勧め、いったん電話を切りました。

その後、篠原さんが声をかけると、男性は「お金を渡してくれれば、すぐに犬を連れてくる」と言ったそうです。約束が違います！ と言うと、彼はあっさり逃走。車から降りようともせずに「じゃあ、もういいよ。お金もいらないし、犬も返さないから」と捨てゼリフを残し、走り去っていったそうです。

私だけでなく篠原さんも、男性の言っていることは信用できない、という印象を受けたようです。そして翌日、あらためてソラの捜索を再開することになりました。

依頼主の車がこわれていたわけ

捜索を始めてまもなく、ソラの目撃情報が入りました。今回は「非通知設定」でもなければ、あやしげな内容でもなく（笑）、「ポスターの写真に似た犬が畑を歩いています！」というシンプルなものでした。

篠原さんに電話を入れて現場に向かうと、たしかに畑の中にヨークシャー・テリアがいます。私が見守っているうちに篠原さんも到着し、ソラであることを確認。無事、だっこで保護することができました。

ソラを抱いた篠原さんのために、彼女の車のドアを開けようとしたとき、私は異変に気づきました。ドアミラーの一部が破損しているのです。

篠原さんの愛車は、人気のある高級車。おまけにまだ新車です。まさか、ニセ情報提供者のいやがらせじゃ……？

私が顔色をかえたことに気づいたのか、篠原さんはちょっと恥ずかしそうに言いました。

「遠藤さんから連絡をいただいて、早くソラのところに行こうって、あせっちゃって。さっき車庫の壁にぶつけちゃったんです」

こうして、ソラは安全で幸せな暮らしに戻っていきました。そして、それを知らないニセ情報提供者が、再び私に接触してくるという失敗をしたわけです。

依頼主の情報は簡単に公開しない

今回は被害がありませんでしたが、うその情報でペットの家族からお金などをだましとることは詐欺にあたります。迷子になったペットを心配する家族につけ込む、卑劣な「ワンワン詐欺」「ニャンニャン詐欺」です。かわいい名前にごまかされてはいけません。これは、立派な犯罪です。

あくまで私の印象にすぎませんが、ソラの場合のニセ情報提供者は「常習者」であるような気がします。ペット探偵から依頼主の連絡先を引き出すための段取りもよく、電話での対応も手慣れていました。

おまけに、値段設定が絶妙！ 罪を犯してまで手に入れる金額としては少なすぎると思うかもしれませんが、あまりに高額だと相手に疑われてしまいます。

「１万５０００円」は、「保護した犬に必要なものを買った額」として、実にリアル。あやしまないどころか、「うちのコを助けてくださって、ありがとうございました！」なんてお礼を言いながら支払ってしまう人もいるのでしょう。

行方不明のペットを家族が探す場合はとくに、個人情報の扱いには慎重になるべきだと思います。早く、たくさんの情報がほしい！　という気持ちは、よくわかります。でも、いったん公開された情報は、善意の情報提供者以外の目にも触れることになります。その結果、「ワンワン詐欺」などのターゲットにされてしまうこともあるのです。

ペット探偵からのお願い

ペット探しをするときは**ニセ情報**にも注意が必要。**情報の信頼度**を**見極める**ことも大事！

case 9

ペットを巡る悲しき遺産「争」続

「猫を飼うためには、必要なものがあるんです。同じことをお願いするのは3回めです。どうして準備してくださらないんですか？　モモちゃんがかわいそうじゃないですか！」

自他ともに認める「腰の低い人間」である私ですが、このときは思わず、厳しい口調になってしまいました。電話の向こうの相手はため息をつき、面倒くさそうに答えました。

「うん、そうだね。で、何を用意すればいいんだっけ？」

フード、食器、トイレ……。私は、猫と暮らすために最低限必要と思われるものを数え上げました。相手は最後まで聞いた後、ややぶっきらぼうに言いました。

「わかった。猫を飼っている知り合いにも相談して、準備しておくよ」

母親の遺産はおばあちゃん猫

数日後、私は車で秋田県へ向かっていました。東京〜秋田は電車なら約4時間ですが、車では、順調に走ることができても6時間ほどはかかります。でもペットの捜索・保護には、さまざまな道具が必要。とくに捜索対象が猫の場合、重くてかさばる捕獲器が必須なので、どうしても移動は車、ということになります。

さらに今回の依頼は、「秋田県で保護した猫を、東京に住む人の家へ送りとどける」というイレギュラーなもの。おまけにその猫は、推定15~16歳です。猫の体調を最優先しながら長距離の移動をするためには、たとえ時間がかかっても車がベストです。そんなわけで私は、捜索のサポート兼運転の交代要員であるアシスタントを助手席に乗せて、依頼主である川口真奈美さんとの待ち合わせ場所を目指していたのです。

冬の初めの秋田は予想以上に冷え込み、街には薄く雪が積もっていました。事前に決めておいたショッピングモールで真奈美さんと落ち合い、車で先導してもらって最終目的地へ。今回、捜索のスタート地点となるのは、真奈美さんの母・木村聡子さんが80代で亡くなるまで暮らしていた家でした。

聡子さんが亡くなったのは半年ほど前。真奈美さんと兄、弟の3人が遺産を相続しました。でもその際、聡子さんの愛猫・モモの行き先だけが決まらなかったのです。

近くに住む真奈美さんは、犬を4~5頭飼っているため、さらに猫を飼うのは難しい。そして東京に住む兄と弟は、「動物を飼ったことがない」「家がせまい」などの理由で、モモを引き取ることに前向きではありませんでした。

仕方がないので、モモは住み慣れた聡子さんの家でそのまま暮らし、真奈美さんが、聡子さんの家に通う形で世話をしていました。その間もきょうだいで話し合いを続け、1カ月ほ

ど前、やっと東京郊外に住む弟の木村淳一さんが引き取ることに決まったのです。

モモの引き取り手はペット初心者

真奈美さんから私への依頼があったのは、モモの引き取り手が決まった直後でした。モモは自由に外に出られる環境で暮らしていますが、食事をしたり寝たりするため、毎日家に帰ってきます。でもとても臆病で、毎日ごはんをあげている真奈美さんにも体をさわらせないため、自力で保護することができない、とのことでした。つまり、私のおもな仕事はモモの「捜索」ではなく、「保護」と「移送」ということになります。

通常の捜索では、ペットを発見して保護し、依頼主の元へ送り届けたところで仕事が終了します。依頼主とは別の人物のところへ連れていくこと、さらに送り届ける先が遠方であることなどが引っかかり、私は最初の電話でくわしく事情を聞きました。

真奈美さんの依頼を引き受けるにあたり、私は条件をふたつ出しました。ひとつめは、淳一さんが確実にモモを引き取り、室内で飼ってくれること。ふたつめは、淳一さんが、モモを迎えるために必要な準備をきちんとしてくれること。

真奈美さんから話を聞く限り、淳一さんは喜んでモモを迎えるわけではないらしい。おまけに、これまで動物を飼った経験もなさそうです。飼いたくない人のところへ動物を送り届けるなんて、ペット探偵が決してしてはいけないこと。最悪の場合、いったん受け取っておいてすぐに捨ててしまう……なんてことも起こりかねません。

あえて「室内飼い」を条件に加えたのは、モモが高齢であることと、知らない場所で外に出されると迷子になってしまう可能性が高いことを考えたからです。淳一さんには、まず真奈美さんが連絡し、その後私からも電話で確認させてもらうことになりました。

初めて淳一さんに電話をしたときの印象は、決してよいとは言えませんでした。軽い調子で「いつ連れてきてもいいよ」と言うので、具体的に何を準備したのか聞いてみると、実はトイレやフードさえ買っていません。この人、モモを外に放してしまうつもりなんじゃないかな……。私の中で、そんな疑いがムクムクと頭をもたげました。

モモが安全に暮らせることを確認するまで、秋田には行けません。私は繰り返し連絡しましたが、淳一さんの対応は、あいかわらずのらりくらり。3回めの電話で私のがまんは限界に達し、強い口調で淳一さんに迫ってしまった……というわけです。

でも、私がキレた（?）のがよかったのでしょうか。その数日後、淳一さんは準備が整ったことを知らせてくれました。そして、「遠くから移住してくる高齢の猫なので、完全室内飼いにしてほしい」という再度のお願いにも同意してくれたのです。

なぜか「敷地内での保護はダメ！」と……

モモが暮らす聡子さんの家に着くと、真奈美さんはさっさと家の中へ入っていきました。私たちも家へ向かおうとしたときです。アシスタントが私の腕をつついてささやきました。

「いますよ！」

え？　何が？　私がぼんやりしていると、アシスタントが庭の一角を指さしました。

「ほら、モモ！」

半長毛のキジトラ。事前に見せてもらった写真の猫にそっくりです。庭でくつろいでいる猫は、たしかにモモだ！

真奈美さんによると、モモはとても臆病なはず。さて、どうしようかな。……などと私が考えている間に、アシスタントはモモに近づいていきました。そして、ひょいっと抱き上げたのです。モモは逃げる素振りも見せず、アシスタントの腕の中でもリラックスしていました。到着して1分で、保護完了です。

ああ、ラッキー！　私とアシスタントは、無言で喜びをかみしめました。寒い中、モモを探さなくてすむ。今からすぐ、東京に戻れる！　でも、喜びが続いたのはほんの数秒でした。

「ちょっとあなたたち、何やってるの？　勝手なことをしないで！」

どなり声の主は、なんと真奈美さんでした。窓を開けて顔を出し、私たちをにらんでいます。なぜ怒られなければならないのかわかりませんが、無視することもできません。私たちは「すみません」などとつぶやきながら、モモを庭に戻しました。

「あのー、モモを弟さんのところへ連れていくには、まず保護しないと……」

悠々と去っていくモモの後ろ姿を横目で見ながらモゴモゴと尋ねた私に、真奈美さんは強い口調のまま答えました。

「わかってます。でも、この家の敷地内ではやらないで！」

私たちには理不尽に思えますが、おそらく真奈美さんなりの理由があるのでしょう。

ああ、せっかくスムーズに保護することができたのに、もったいない……。私とアシスタントは、ごちそうを目の前にしておあずけをくった犬のような気持ちでした。

しばらくモモの様子を観察してみたのですが、おっとりしているのは、自分のテリトリーである庭にいるときだけ。敷地から一歩出ると、だっこどころか、近づくだけで警戒されてしまいます。私たちは結局、家の敷地外に捕獲器を置くしかありませんでした。

寒さが厳しいため、こまめに捕獲器をチェックしながら待っていると、モモはその夜あっさり捕獲器に入ってくれました。すぐに真奈美さんに連絡したのですが、電話には応答なし。保護した後の手順は打ち合わせずみだったので、留守電にメッセージだけ残して捕獲器を暖かい車に積み込み、予約しておいたビジネスホテルへ向かいました。

ひと晩きちんと寝て翌日の運転に備えたかったのですが、いったん部屋に入ってシャワーを浴びたら、どうしても車の中で夜を越すモモが心配になってきました。捕獲器を毛布で包むなど、保温対策はしてあります。でも、東北の夜の寒さは厳しい。モモは高齢だし、あれだけじゃ寒いんじゃないかな……。

不安に耐え切れなくなった私は上着を着こみ、部屋を出て駐車場へ向かいました。そして車に乗り、エアコンをつけたり消したりしながら、モモと一緒にひと晩過ごしたのです。

無事に新しい家族の元へ

翌日は、早朝に東京へ向けて出発しました。モモはこれまで長距離ドライブの経験がありません。モモの体調を確認するため、1時間おきに車をとめて休憩をとりました。

モモは、たぶん怖くて不安だったはずです。自然が豊かな土地で、大好きなおばあちゃんとのんびり暮らしていたのに、突然やってきた中年オヤジふたり組に拉致・監禁されて知らない場所へ向かっているのですから。

そんな状況にもかかわらず、モモは本当によく頑張りました。鳴いたり暴れたりすることもなく静かに過ごし、体調をくずすこともありませんでした。

目的地の近くに車をとめると、私はモモとアシスタントを車に残したまま、淳一さんに挨拶をしにいきました。事前の電話であまりよい印象をもっていなかったため、モモを渡す前に、本人の様子や準備の状況を確かめておきたかったのです。

私の予想は、よいほうに大きく裏切られました。インターフォンに応えて出てきた淳一さんはやさしそうで、とても感じのよい人でした。おまけに玄関を入ってすぐのところには、猫用グッズが山積みになっていたのです。

ああ、よかった。この人は、本気で猫と暮らすつもりなんだ。

私は、心からホッとしました。挨拶をすませ、猫の飼い方についていくつかアドバイスをした後、私はモモを家の中で自由にしました。モモは捕獲器からサササッと走り出て、そのまま冷蔵庫の後ろに隠れてしまいました。

私は翌日から数日おきに、淳一さんと連絡をとり合いました。最初はよそよそしかったというモモですが、少しずつ新しい環境に慣れ、淳一さん夫妻にもなついていきました。数週間たった頃、淳一さんから家でくつろぐモモの写真が送られてきました。そしてその写真には、「猫ってかわいいものですね」という淳一さんのメッセージが添えられていました。

モモは遺産相続の被害者かも？

依頼者である真奈美さんとは、モモを送り届けた翌日まで連絡がとれませんでした。モモが元気であることや淳一さんが十分な用意をしてくれていたことなどを伝えても、「そう、よかった」と言うだけ。とくに喜んでくれる様子はありませんでした。

今回のケースでは、腑に落ちないことがいろいろありました。「人に体をさわらせないほど臆病」と聞いていたモモが、実際には人慣れした落ち着いた猫だったこと。モモを庭で保護しようとしたときの真奈美さんの反応。モモを保護した後の真奈美さんの無関心な様子。事前の電話で、淳一さんの態度が冷たかったこと。

後から考えると、真奈美さんや淳一さんのいら立ちはモモや私に対してのものではなく、きょうだいへのものだったように思えます。親を看取ったり、残した財産を引き継いだりするのは、とても大変なこと。きょうだいがいれば、意見が合わずに対立する場面が出てくるのも仕方のないことかもしれません。とはいえ、それにペットが巻き込まれてしまうのは、かわいそうな気がします。

モモの場合は、結果的によい家族の元へ行くことができました。でも中には、十分に世話をしてもらえないような家に行かざるを得なかったり、見捨てられてしまったりするペットもいるでしょう。

私自身も、犬と一緒に暮らしています。自分がいなくなった後のペットの身の振り方を決めておくことも、飼い主としての責任なのかもしれないな……。そんなことも、ぼんやりと考えさせられました。

ペット探偵からのお願い

万が一に備えて
ペットのための**保険**や**遺言**などを
検討するのも
飼い主さんの**役目**です。

case 10

迷子猫の行方を知るのは元カレ？

2日めの捜索結果を報告に行くと、依頼主の高橋彩さんが自宅の玄関前で電話を終えるところでした。私が不思議そうな顔をしていたのでしょう。高橋さんは笑いながら言いました。

「玄関の鍵をかえることにしたので、業者さんと相談していたんです」

私はなんとなく引っかかるものを感じ、聞いてみました。

「引っ越し、ですか？」

「いえ、そうじゃなくて……」

この後、高橋さんから聞いたことが、いなくなった三毛猫のミケを保護する際の重大なヒントになりました。

室内飼いの猫が窓から外へ

20代半ばの高橋さんの家は、地方都市の単身者用マンションの2階にあります。ミケは室内飼いでしたが、数日前、仕事から帰ったときには姿が見えなくなっていました。室内をチェックすると窓が1カ所開いていたため、そこから外に出てしまったのではないか、とのことでした。

2日間捜索しましたが、手がかりはゼロ。東京都内ほど人目が多くないとはいえ、失踪後すぐに捜索を始めたことを考えると、情報提供ぐらいあってもよいのでは？　と思えます。「収穫ゼロ」の報告をするのは、気が重いものです。暗い顔で高橋さん宅を訪ねたところ、玄関前で本人に会ったのです。

猫の失踪に元カレが関与？

高橋さんによると、玄関の鍵をかえる理由は「元カレ対策」でした。数カ月前に別れた元カレが、ストーカーのようなことをしてくるというのです。

最近も、夜遅く帰宅した直後に玄関のノブが外からガチャガチャ回されました。鍵をかけてはいましたが、女性にとってはかなりの恐怖です。そしておびえているところに、元カレからのＬＩＮＥ。「元気？　何か困ったことはない？」というさりげない文面でしたが……。

高橋さんはスマホに元カレの居場所がわかるアプリを入れており、別れた後もそのままにしていました。あまりにもタイミングのよすぎる連絡に違和感を覚え、元カレの現在地をチェック。すると、高橋さん宅の目の前にいることがわかったそうです。

元カレは合鍵をもっていましたが、別れる際、その鍵を返そうとしませんでした。彼の行動がエスカレートしたら……という不安から、高橋さんは鍵をかえることにしたわけです。

恋人との別れにちょっとしたドロドロはつきものですが、元カレの行動は、いくらなんでもやりすぎ。高橋さんが恐怖を感じるのも無理はありません。元カレは今でも、高橋さんへの思いを断ち切れないのでしょう。「玄関ガチャガチャ事件」を起こすぐらいですから、高橋さんの気をひくためなら、「普通ならしない」レベルのこともしそうな気がします。

そこまで考えたとき、私の中で何かがひらめきました。

「あのー、失礼な質問だったら、申しわけありません。でも、元カレがミケちゃんを連れ出す、なんて可能性は考えられませんか？」

私の質問に、高橋さんは首をかしげました。

「うーん。さすがに、そこまではしないと思いますけど。……あっ！」

最初は笑っていた高橋さんですが、何かを思い出したのか、急に表情がかわりました。そして、深くうなずきました。

「ミケを連れ出したの、彼かもしれない。その可能性、十分にあります！」

ミケは、ふたりがつき合っていた頃にも外に出てしまったことがありました。そのときは、迷子になったミケを元カレが発見。それをきっかけに、ぎくしゃくしていたふたりの関係を修復することができたのだとか。元カレはその「成功体験」を元に、今回もミケを使って復

case 10

迷子猫の行方を知るのは元カレ？

縁を狙っているのかもしれない、と言うのです。

目撃情報がまったくないことも、ミケが元カレのところにいる可能性を示しているように思えます。私は翌日、元カレの家を訪ねてみることにしました。

元カレの家でミケを発見

元カレは、高橋さん宅から電車で2~3駅離れたところで、両親と一緒に暮らしていました。直接対決は避けたかったので、私は本人の勤務時間中を狙って訪問しました。

畑の多いのどかな地域に建つ、平屋の一戸建て。玄関へ向かう途中、居間の窓ガラス越しに三毛猫の姿がチラリと見えました。

インターフォンに応えて玄関に出てきてくれたのは、元カレの父親でした。私は、事前に立てておいた作戦どおり、ミケ捜索のチラシを渡しました。

「突然、申しわけありません。近所でいなくなってしまった猫を探しておりまして。この写真のコに似た猫ちゃん、最近どこかで見かけたことはありませんか?」

元カレがミケを実家に連れ帰っている場合、両親に事実を伝えているとは思えません。だって「別れた彼女の家にこっそり忍び込んで、彼女が大切にしている猫を連れてきちゃったんだよね」とは言えないでしょう？

だから猫を保護していたとしても、両親には「拾ってきた」などと言っているだろうと踏んだのです。私の読みは当たりました。父親はチラシを見るなり、にっこりしました。

「つい最近、うちの息子が猫を拾ってきてさ。この猫によく似てるよ。ちょっと待ってね」

そして玄関に連れてきてくれたのは、まさにミケでした。私はていねいにお礼を述べ、ミケを連れ帰りました。

ペット探偵は頼れる男

事前に連絡を入れたうえで、私はミケを届けに高橋さん宅を訪問しました。元カレは猫を取り返されたことに腹を立てるかもしれませんが、文句を言うことはできないはず。自分は、不法侵入してペットを盗み出しているのですから。これをきっかけに高橋さんとの復縁をあきらめてくれればよいのですが……。

高橋さんは、帰ってきたミケを大切そうに抱きしめました。そしてこれ以上のトラブルが起こらないよう、引っ越すことに決めた、と話してくれました。

「今回は大変でしたね。困ったことがあったら、お力になります。いつでもご連絡ください」

高橋さんの不安をやわらげようと、私は力強い言葉を残して辞去しました。

玄関のドアを閉めた瞬間、私はあたりをキョロキョロ見回しました。そして、元カレらしい男が近くに潜んでいないことを確認するとタッタッタと階段をかけ下り、そのまま小走りで駐車場へ向かいました。高橋さんの部屋に出入りする姿を元カレに見られたら、誤解されるかもしれない……。そんな不安が、私を急がせたのです。

「いつでも力になります」と余裕の笑みを浮かべる頼もしい男？　それは依頼主の前だけで見せる仮の姿です。ペット探偵の実態は「ストーカーに見つかりませんように」と祈りながらそそくさと帰っていく、気が小さい男なのです。

ペット探偵からのお願い

ミケの場合は違ったけれど
少しだけ開けた窓から外へ出てしまうコも。
日ごろから**戸締りはしっかりと！**

case 11

元野犬・都会の大追跡

時間はかかったけれど、なんとか無事に見つけ出せたな。

ひと仕事終えて明け方に自宅に戻り、仮眠をとった私は、久しぶりにすっきりした気分で目覚めました。枕元のスマホを手に取ると、メッセージが届いています。

送信元は、栗原圭介さん。数時間前、別れたばかりの依頼主です。まさか、何かトラブルでもあったのか？　あわてて本文を開くと、内容は簡単なお礼の言葉でした。そして、メッセージには短い動画が添付されていました。

栗原家のリビングに、まだ眠そうな小学生の次男・健太くんが入ってきます。

「おはよう」

圭介さんと、妻の佳菜さんが声をかけると、健太くんは目をこすりながら、モゴモゴと「おはよう」と答えます。が、次の瞬間。大きく目を見開き、ピタリと動きを止めました。

「なんで？　なんでサクラがいるの？」

一瞬で目が覚めたのでしょう。健太くんの声からは、眠気が完全に吹っ飛んでいます。

「探偵さんが、見つけてきてくれたの」

佳菜さんがさりげなく答えた、次の瞬間。

「サ～～～～クラ～～！」

健太くんは床に寝そべっていたミックス犬のサクラにかけ寄り、抱きつきました。

「もう、サクラ、どこ行ってたのー？　ちょっとくさいよ」

サクラの大きな体をなでながら話しかける健太くんの声は、少し鼻声になっていました。

ああ、よかった。栗原家で、サクラはこんなに愛されている。これからも絶対に、幸せに暮らしていける。無事に連れ戻すことができて、本当によかったな。

ペット探偵であることの幸せを、心から感じた瞬間のひとつでした。

半径10キロ範囲の捜索からスタート

サクラの捜索は、真夏に始まりました。栗原家で暮らしはじめて1年弱のサクラは、甲斐犬のミックス。高知県の動物愛護センターに保護され、保護団体を経由して東京の栗原家にやってきました。柴犬よりひと回り大きいぐらいの体格で見た目は強そうですが、圭介さんによると性格は穏やかで、かなり臆病ということでした。

逃げてしまったのは、散歩中のこと。何かに驚いたサクラが後ずさりした拍子に首輪が抜け、そのままどこかへ走っていってしまったのです。3日ほど家族で付近を探したのですが見つからなかったため、探偵に依頼を……ということになったようです。

猫の捜索は、自宅を中心に、同心円状に捜索範囲を広げていきます。でも犬の場合は、体格や脱走してからの時間によって最長の移動距離を予測し、その円の中をまんべんなく捜索する必要があります。私はサクラの捜索範囲を自宅の周囲半径10キロに設定し、チラシやポスター、聞き込みなどの情報収集を始めました。

栗原さんの自宅は都心部に近いため、周辺は住宅やビルが密集しています。人通りが多いことに加え、サクラのような中型犬は目立つため、情報はどんどん入ってきました。

有力な情報があればその場へ向かって保護する……というのが捜索の基本です。でもサクラに限っては、この方法が通用しませんでした。その理由は、サクラの行動範囲が通常では考えられないほど広く、移動のスピードも驚くほど速かったからです。

「数分前に、チラシの写真にそっくりな犬を見ました!」という電話を受けて大急ぎで現場へ向かっても、サクラの姿はなし。近くのお店の人などに聞いてみると、「その犬なら、あっちへ走っていきましたよ」などと言われてガックリ……の繰り返しです。

ある場所では、聞き込みをした交番のおまわりさんが、「そういえば、さっき近くにいたよ」。警察官は犯罪捜査のプロなのだから、さらに有力情報を提供してくれるはず! と期待したのですが、「あのへんを歩いてたけど、うーん、どっちに行ったかなあ」などと呑気なお答え。

首輪もリードもつけていない犬が歩いていたら、ぼんやり見てないで保護してくださいよ！と思わず突っ込みそうになりました。

抱き上げられるような小型犬の場合、見かけた人が保護してくれることも少なくありません。でもサクラは、体重が15キロほどある日本犬のミックス。おまけに毛色が赤胡麻（茶色と黒の毛が混ざったもの）のため、ややこわそうな印象を与えてしまいます。そのため、声をかけるなどしてその場にとどめておこうとしてくれる人も少ないのです。

本当はおとなしいサクラも、その外見でおまわりさんまでビビらせてしまったのでしょう。私たちは目撃情報を頼りに、ひたすら追いかけっこを続けるしかありませんでした。

目撃情報が突然ゼロに

その後も、サクラは毎日移動し続けました。あちこちから届く情報を整理すると、1日に4〜5キロ、多いときでは10キロほども歩いています。ペット探偵として多くの犬の捜索をしてきましたが、サクラの動きは距離・速さともに異例でした。情報を入手した後、どんなに急いで現場へ向かっても、サクラの姿を見ることさえできません。

でも、捜索開始から1週間ほどたったときでした。あれほどたくさん届いていた情報が、突然、途絶えたのです。

見失ったか……？

私は不安を感じはじめました。私たちは、最初に設定した半径10キロの範囲内に情報を求めるポスター貼りやチラシ配りを行っています。反対に言えば、サクラがこの範囲より外へ出てしまうと、情報は手に入らなくなるわけです。

電話が鳴らない日が1週間以上続き、私の不安はふくらんでいきました。栗原さん一家も、日々、落ち込んだ様子になっていきます。

もっと捜索範囲を広げるべきだろうか。私が迷いはじめた日、久しぶりに目撃情報が入りました。栗原家から2駅ほど離れたところにあるコンビニエンスストアの駐車場で、夜遅い時間に、サクラに似た犬を2日続けて見たというのです。

ただしこの情報には、ひとつだけ気になる点がありました。それは、同じ場所で2回目撃されていること。迷子になって以来、ひたすら移動を続けていたサクラの行動パターンから外れています。

「犬違い」なんじゃないかな？　とも思ったのですが、ほかに情報があるわけではありません。こうなったら、ダメでもともとです。私はその日の深夜、現場へ向かいました。

サクラの潜伏場所を発見

午前1時。私はサクラが目撃された地点に到着しました。近くのコインパーキングに車をとめ、まずは10分ほど周辺を歩きまわってみました。2日続けて目撃された犬が本当にサクラなら、この近くに寝る場所を確保している可能性があります。私は街の様子を見ながら、中型犬が身を潜めていられそうな場所を探しました。

もっとも気になったのは、私が車をとめた駐車場に隣接する一戸建てでした。家の裏手のブロック塀と駐車場の柵の間には幅50センチほどの通路があり、草が伸び放題になっています。家の正面へ回って見てみると、庭には不用品と思われるものが積み上げられており、空き家のように見えました。でも玄関に小さなライトがついているところを見ると、だれかが住んでいるのかもしれません。

空き家ではないとしても人の出入りは多くなさそうですし、何より、庭には姿を隠せる物陰がたくさんあります。おまけに敷地を囲むブロック塀には数カ所のすき間があり、人が通るのは無理だけれど、犬ならそこから出入りすることができそうです。

サクラはきっと、ここにいる。ペット探偵の勘が、私にそう告げていました。

まずは、私の勘が当たっているかどうか確認する必要があります。でも、こんな時間にインターフォンを押して「犬を探してるんですけど、お庭を見せていただけませんか？」なんて頼むのは無理。もし犬がいるなら、隠れている場所から出てきてもらうしかありません。犬を誘い出すための最強の武器は、食べものです。私は、駐車場の柵とブロック塀の間の通路にフードを入れた器を置きました。そして塀のすき間が写る位置にセンサー付きのビデオカメラをセットし、その場を離れました。

塀の向こうに、何かがいる！

1時間ほどして戻ってみると、器は空っぽ！　カメラの映像をチェックしてみると、フードを食べている犬の姿が写っていました。暗い場所なので毛色や顔立ちなどまではわからないのですが、サイズや体の特徴から、サクラである可能性が高いように思えました。その犬はフードを食べ終えると、私が目をつけた家のほうへ立ち去りました。

もしかしたら、塀のすき間から犬の姿が確認できるかも……と思い、私がブロック塀に顔と体を押しつけたときです。

ドスン。

case 11
元野犬・都会の大追跡

塀の反対側に何かが寄りかかったような、わずかな振動を感じました。私は塀に張り付いたまま息をひそめ、全神経を塀に集中しました。間違いなく、塀をはさんだ私の向かい側に生きものがいる気配がします。これは、人ではない。そして、猫やハクビシンでもない……。ドラマや映画なら、ここはまさにペット探偵の見せ場。犬を操る魔法のような力やスパイのような特殊アイテムを使って、カッコよく犬を保護するはずです。でも現実は……。

私はソロ〜ッと塀から離れ、ヒソヒソ声で圭介さんに電話をかけたのです。深夜にもかかわらず、圭介さんは「すぐに行きます！」と言ってくれました。

塀の向こうにいるのがサクラだとしたら、今は刺激しないのが何より。サクラにとって私は、見たこともない中年男性にすぎません。そんな男がいきなり姿を現したら、臆病なサクラは、ダッシュで逃げてしまうでしょう。

圭介さんが到着するまで、30分ほどかかります。その間、私はペット探偵としての大切な仕事に専念しました。身動きをせず、耳をすませてブロック塀の向こう側の様子をうかがいながら、真剣に祈り続けたのです。

塀の向こうにいるのが、どうかサクラでありますように！

圭介さんが来るまで、どうかそこにいてくれますように!!

ペットのため、依頼主は草むらの中へ

原付バイクで到着した圭介さんに、私はサクラ……と思われる生きもの（笑）がいそうな場所をそっと伝えました。

ブロック塀のすき間から腕を入れてサクラを保護するためには、駐車場の柵との間の狭い草むらに入っていき、さらにしゃがみ込むなどして体を低くする必要があります。草ぼうぼうの場所は、大人が喜んで踏み入りたいような場所ではありません。もしかしたら圭介さんはここに入っていくのをいやがり、私に保護してほしいと言い出すかもしれない……。私は、そんなことも考えていました。

でも私の心配は、ただの取り越し苦労でした。場所を伝えるのとほぼ同時に、圭介さんは迷わず草むらに潜り込んでいったのです。すき間から中を確認すると、私に向かって「サクラだ！」とうなずきました。

そっと呼びかけると、サクラが近寄ってきたようです。圭介さんは草むらにうつ伏せになり、塀のすき間に腕を入れると、サクラを抱き寄せるように引き出しました。そして、そのままの姿勢でサクラに首輪とリードをつけ、後ずさりで草むらから這い出してきました。

初めて会ったサクラは少し疲れてはいるけれど、安心しきった顔をしていました。体中に

草の切れ端をくっつけた圭介さんをうれしそうに見上げ、「迎えに来てくれてありがとう！」と言っているようでした。

サクラの長い捜索の中で、私の印象に強烈に残っている1シーンがあります。それは、草むらの中から突き出している、圭介さんのおしり（笑）。

夏だったこともあり、草は大人の腰のあたりの高さまで茂っていました。圭介さんがサクラと再会し、抱き寄せた感動的な瞬間、私に見えていたのはモゾモゾ動く圭介さんのおしりだけだったのです。

ペット探偵からのお願い

大きくて強そうな犬は保護されにくい。

探している家族のために、見かけたときは情報提供を！

case 12

超常能力VS.経験 ペット捜索の鍵を握るのは……

電話の向こうの女性は、泣いていました。

迷子の猫・キキの2日めの捜索が終わる頃、私のスマホが鳴りました。発信元は寺尾聡美さん。今回の依頼主です。

「遠藤さん、キキの捜索はもう結構です。今日で終わりにしてください」

ペットの捜索は、3日間が1クール。丸一日残して切り上げるなんて、もったいない！

「何かあったんですか？　まだあと1日ありますよ」

「いいんです。キキはもう、亡くなっているんです」

寺尾さんの声は震え、あとは泣くばかり。私は、報告を兼ねて訪問することを伝え、電話を切りました。ああ、またか……。

不思議な力に頼ろうとする飼い主さん

キキは亡くなっている、と言いきった寺尾さんですが、自分の目でその事実を確認したわけではありません。

ではなぜ、急にそんなことを言い出したのでしょう？　その理由は、「特別な力をもつ人に言われたから」です。

大切なペットがいなくなった！　という状況は、飼い主さんにとってつらいものです。捜索を始めてもなかなか見つからないと不安ばかりがふくらみ、気持ちも弱くなっていきます。そうなると、「人智を超えたもの」に頼る人も出てくるのです。

占い師さんや透視能力をもつ人、動物の心が読める人……。頼る相手はさまざまで、最近はインターネットで依頼できることも多いようです。

寺尾さんも、私への依頼とほぼ同時に、「ペットの写真を見ればそのコの心が読める」という女性にもコンタクトをとっていました。そして先ほどその女性から連絡があり、キキはすでに亡くなっていると言われた、というのです。

私はまず、理屈で攻めてみました。

「寺尾さん、キキはまだ若くて体力もあります。猫には、かなりのサバイバル能力があるんです。自由に動ける状態であれば、数カ月は自力で生きられます。私はこれまでの捜索で、暑さや寒さ、飢えなどの理由で亡くなった猫を見たことがありません。事故にあったり、だれかに保護されたりしていない限り、キキはきっと見つかります」

「でも、もうこの世にはいないって、はっきり言われたんです。キキは私に、今までありがとうって感謝してるって。もう探さなくていいよ、って言ってるって……」

弱々しくつぶやく寺尾さんに、私はあえて、少し強く出ました。

「その女性は、パソコン上でキキの画像を見ただけですよね？　それで100パーセント、ペットを発見できるのなら、私はその方を雇いたい。いや、今すぐ弟子入りしたいです。その方が間違っている可能性だってありますよ。キキは、近くで生きています。あきらめるのは早すぎます」

私が説得を続けているとき、スマホに着信がありました。出てみると、電話の相手は寺尾さんが住むマンションの管理人さんでした。

「隣のマンションの駐車場に、茶トラの猫がいますよ。たぶん、探してるキキちゃんじゃないかと思うんですけど」

管理人さんにはそのまま見守りをお願いし、私と寺尾さんは駐車場へかけつけました。そこにいたのは、やはりキキ！　キキは逃げ出そうともせずにだっこであっさりと保護され、安心した様子で自宅へ戻っていきました。

「亡くなったはず」のペットを発見することも多い

寺尾さんのような例は、実は少なくありません。「特別な力をもつ人」の肩書きや能力はさまざまで、ときにはその人からの情報を元にペットの捜索を進めてほしい、と言われることもあります。

でも「特別な力をもつ人」から与えられる情報は、限られている場合がほとんどです。たとえば、「猫ちゃんが今見ている景色」として「マンションの前に赤い車が止まっている」「畑と竹やぶがあり、その近くに小さな小屋がある」。ただし猫の目を通して見えるものしか読みとれないので、地図上のどこにいるかはわからない、と言います。

またあるときは、「近くにある10階建てマンションの3階の部屋で保護されている」。でもわかるのはそこまでで、マンションの住所や部屋番号は不明、ということもありました。

私は、「特別な力をもつ人」が実在するのを疑うわけではありません。でも、その数はそれほど多くないんじゃないかな？　とは思います。また、「特別な力」のすべてがペットの捜索に役立つとは言えないような気もします。

「特別な力をもつ人」の口から出る、「あなたのペットがこう思っている」「あなたのペットは、こんな景色を見ている」という言葉は飼い主さんの心を揺さぶります。それが真実だと、信じたくなる気持ちもわかります。

それに対して私には、「特別な力」はありません。でも、ペット捜索の「経験」があります。

その経験には、寺尾さんのケースのように、亡くなったはずのペットを元気な状態で保護した！　というものがいくつも含まれています。だからペット探偵の言葉にも、耳を傾けてほしいのです。

寺尾さんは、亡くなったはずのキキと再会し、「信じられない！」と大喜びしてくれました。キキの発見後、「特別な力をもつ人」についてはひと言も触れなかったけれど、「あきらめなくてよかった！」とは思ったでしょう。

「キキは生きている！」と力強く主張した経験豊富なペット探偵への信頼も、深まったはずです。……たぶん。

ペット探偵からのお願い

たとえ迷子になっても
動物には**生き抜く力**があります。
弱気になって
簡単に**あきらめない**で！

case 13

夫のピンチ！猫が迷子で離婚危機

ペット探偵の仕事で出会う家族に共通しているのは、ペットをとても愛している、ということです。一緒に暮らすペットは、大切な家族の一員。依頼主は、自分のパートナーや子どもを愛するように、ペットを愛しています。

いや、ときにはパートナー以上にペットを愛している人も……。

妻の留守中に夫が猫を逃がしちゃった!

小泉洋子さんから電話があったのは、猫のミーコがいなくなった日の夜のことでした。

ペットが逃げてしまった場合、自分から帰ってきてくれることを期待して少し待ったり、家族で近くを探してみたりしてから探偵に依頼することがほとんどです。ずいぶん早いタイミングの依頼だな、とは思いましたが、失踪直後のほうが遠くに行っていない確率が高いので、探偵にとってはありがたいこと。翌日の夜、私はさっそく、打ち合わせのために洋子さんの自宅へ向かいました。

小泉家では、ミーコ以外にも数匹の猫が暮らしていました。40代と思われる洋子さんは、少し言葉をかわしただけでかなりの猫好きであることがわかります。そしてどうやら、いなくなったミーコのことはとくにかわいがっていたようでした。

洋子さんは私をリビングに通してソファを勧めると、向かい側に腰を下ろして状況の説明を始めました。

その日の日中、洋子さんは出かけていたこと。自宅にいた夫の尚也さんが外出する際、玄関のドアのすき間からミーコが外に出てしまったこと。ドアの開け閉めには気をつけてほしいといつも言っていたのに、夫が不注意だったこと……。

説明の途中で、同居している洋子さんの母・信子さんも打ち合わせの席に加わりました。でも尚也さんだけは同席しようとしません。リビングからつながるダイニングにいるので、私たちの話は聞こえているはずなのですが、なぜかずっと新聞を読んでいるのです。

でも、ミーコが逃げたときの様子について質問したときです。尚也さんが遠慮がちに言葉をはさんできました。

「一瞬のことだったので、外に出たミーコがどの方向に行ったのかもわからないんです。申しわけない」

シーン……。

ツーン……。

え？　この雰囲気は何？

私は、少しあわてました。こんな場合、ほとんどの家では、ペットを逃がしてしまった家族をなぐさめたり励ましたりするものです。でも小泉家では、洋子さんも信子さんも無言。声をかけないどころか、尚也さんのほうを見ようともしないのです。

洋子さんのツンとした表情から伝わってくるメッセージは、「あなたは黙ってて！」。どうやら洋子さんは、ミーコを逃がしてしまった尚也さんに猛烈に腹を立てているようでした。冷たい雰囲気に耐えかねた尚也さんは気まずそうに新聞に顔を突っ込み、その後はひと言も発言しませんでした。

捜索中、妻は市役所へ

翌日から、私はミーコの捜索を開始しました。1日めは、残念ながら収穫なし。2日めも発見には至りませんでした。

猫の捜索は深夜～朝にかけて行い、1日の捜索を終える時点で依頼主に報告を入れます。2日めの捜索を終えて小泉家に行くと、玄関に出てきたのは信子さんでした。私の報告を聞いた後、信子さんは世間話をするような調子で言いました。

「今日ね、娘は離婚届を取りにいくんですって。ミーコが見つからなかったら、離婚するって言ってるの」

「え？　またまた〜。そんな、やめてくださいよ」

私はヘラヘラ笑い、軽く答えました。信子さんの言ったことは、私にプレッシャーをかけるための冗談だと思ったからです。でも……。

笑いながら顔を上げると、信子さんは真顔でした。

あれ？　まさか本気？

うっかりペットを逃がしてしまったせいで離婚するなんて、すぐには信じられませんでした。でも、打ち合わせのときの洋子さんの様子を思い出してみると……。まったくないとは言いきれません。

「ミーコが出てこなかったら離婚よ！」と言葉でおどすだけなら、まだわかります。でもわざわざ役所に離婚届を取りにいくとなると、洋子さんが本気である可能性も低くなさそうです。

「そんなわけだからね、遠藤さん、頑張って」

信子さんに送り出された後、じんわりといやな汗が出てきました。

見つからなかったら離婚って、なんだよ、それ。私は、ただのペット探偵なんだ。どうして、他人の人生を左右するような責任を負わされなきゃいけないんだよ……。

3日めの夜、保護に成功してひと安心

3日めの捜索を開始する際、小泉家に立ち寄ると、洋子さんが在宅していました。信子さんから今朝のやり取りのことを聞いていたのでしょう。私の顔を見るなり、A3サイズの紙を突きつけてきました。

「これ、今日もらってきたんです」

紙の左上には「離婚届」。おまけに「妻」の欄は、すでに記入ずみでした。

「私、夫がどうしても許せないんです。ミーコは、私が大事に育ててきたコなんです。そのことを、ちっともわかってない！　だから、ミーコが見つからなかったら別れます。即、離婚するつもりです」

うわあ。冗談じゃなかったんだ。

私はまた、いやな汗が出てくるのを感じました。

私の必死の思いが通じたのか、その日の午前2時頃、ミーコらしき猫を発見することができました。すぐに洋子さんに連絡したのですが、残念ながら、到着したときには姿が見えなくなっていました。

撮影しておいた動画を確認してもらったところ、ミーコに間違いない！　とのこと。その

場に捕獲器をセットし、洋子さんにはいったん帰宅してもらいました。私は少し離れたところで待ち、2時間ほどでミーコを保護することができました。

ペットが原因の離婚騒動はほかにも……

ミーコを連れていくと、洋子さんは泣いて喜んでくれました。ミーコも元気そうで、家に帰れて安心した様子。ペット探偵の出番は、ここで終わりです。

挨拶をすませて辞去するとき、私は思わず洋子さんに言いました。

「ミーコも帰ってきたし、これで離婚せずにすみますね！」

洋子さんは、小さくハイ、とうなずいてくれましたが、小さな声でつけ足すことも忘れませんでした。

「でもやっぱり、夫のことは許せません」

その後、小泉夫妻と連絡をとる機会はありませんでした。だから確認してはいないのですが、きっと離婚はしていないはずだと信じています。いや、ペット探偵の活躍で家庭の平和を守ることができたと思いたい！　というのが本心です。

このときの私は、ペットの失踪が離婚問題に発展するなんて、と心から驚きました。でも実は、その後2回、同じようなケースに遭遇しています。

どちらも夫がペットを逃がしてしまい、妻が怒って「見つからなかったら離婚します！」と宣言するパターン。幸い、どちらもペットは見つかりましたが……。

ペットへの愛が深いパートナーをもつ男性は、留守番中も気を抜いてはいけません。とくに家に出入りする際は、最高レベルの緊張感を保ってください。一瞬の油断が、夫婦関係にひびを入れる原因になりかねないことを忘れてはいけません。

これはペット探偵として、心からのアドバイスです。

ペット探偵からのお願い

猫の動きはとても敏捷。
ドアの開け閉めは
近くに猫がいないことを確認してから！

case 14

理由なき家出——猫の心境やいかに

保護した猫を依頼主の家へ連れていくため、私は猫が入っている捕獲器を車に積み込みました。車のドアを閉めようとしたとき、私と猫の視線が合いました。私は思わず、猫に話しかけてしまいました。

「なんで家に帰らなかったの？　あんなによくしてもらってるのに」

猫はニャーとも言わず、ゆっくりとしっぽを振りながらそっぽを向きました。

迷子猫と家出猫の違い

私の経験上、家に戻ってこない猫は2種類に分けられます。

ひとつめが、迷子猫。外に出たのはいいけれど、自宅の場所がわからなくなって帰れなくなるパターンです。帰りたいのに帰れないわけですから、保護されて家に戻ったときには心からホッとすることでしょう。

ふたつめが、家出猫。帰る場所も帰り方もわかっているけれど、帰らない。つまり、「帰りたくない」パターンです。そして家出猫は、さらに4タイプに分けられると思います。

タイプ1は、外での生活が楽しくなってしまうコ。猫の友だちを作り、自由を謳歌。地域猫に混じってよその家でごはんをもらっている……なんてことも珍しくありません。

タイプ2は、恋猫ができたコ。外で知り合った相手と相思相愛になり、ずっと一緒にいたい！　と思うわけです。ちなみに、去勢・避妊をしていても恋愛感情までなくなるわけではないようです。恋猫への思いが強いと、家族の姿が見えると逃げ出す、なんてことも。自分だけ連れ戻されるくらいなら、恋猫との逃避行を選びたい、ということでしょう。ちなみにこのタイプは、相手に飽きると自分から帰ってくることもあります（笑）。

タイプ3は、環境の変化に適応できないコ。よく見られるのが、引っ越しや家族構成の変化などがきっかけになる例です。繊細なコの場合、急な環境の変化がストレスになり、家にいたくない……と逃げ出してしまうことがあるのです。

タイプ4は、野良返り。もともと野良猫だったコは、ペットとして長く暮らしていても、ふとしたきっかけで以前の暮らしに戻ってしまうことがあります。

「理由なき家出」をする猫も

ただし家出猫の中には、どのタイプにも当てはまらないコがいます。常に単独行動なので、仲間や恋猫を作ったわけではない。環境の変化も、野良の経験もない。居心地のよい家があり、家族にも愛されて大切にされているのに、なぜか家に帰らないのです。

Type 1

Type 2

Type 3

Type 4

迷子ではない証拠に、家の前までやってくることもあります。でも家族が姿を見せると、逃げてしまいます。

こういった場合、家の窓を開けてごはんを置き、センサーカメラをセットして行動を観察することがあります。すると、夜中に帰ってきて、上半身だけ家の中に入れてごはんを食べ、また遊びに行ってしまう、というコも多いのです。

帰ってきたのなら、普通に家に入ればすむこと。後ろ足を外に残し、首を伸ばしてごはんを食べるのは、窓を閉められないための用心でしょう。家の中だけの暮らしには戻りたくない！　という意思表示のように思えます。安全、食事、さらに愛情まで保証されている場所に戻りたくないなんて、どうしてなんだろう？　私はいつも不思議に思ってしまうのです。

猫には旅に出たくなるときがある!?

だから、原因不明の家出をしたコを保護したときは表情を観察します。「心配かけてごめんね」と反省しているようなコもいれば、「なんだよ、もっと遊んでいたかったのに」とふてくされているようなコ、帰ったら怒られる……と心配そうな顔をしているコもいます。

でも、猫の表情は複雑。本当の気持ちはわかりません。そもそも家出の理由なんてない、という可能性もあります。過去を悔やんだり未来を心配したりする人間とは違って、動物は現実的。いつだって、「今」に集中しています。その証拠に、毎日同じ味のごはんを一生懸命食べることができる。私だったら、「もう飽きちゃった」「せめて、削り節でもトッピングしてくれない？」などと文句を言ったり、注文をつけたりしてしまうでしょう（笑）。

猫たちが家を出て行くのも、戻ってこないのも、「今そうしたいから」。どんなに幸せな家があってもフラリと旅に出たくなる瞬間が、猫にはあるのかもしれません。だからペット探偵に「なんで家出したの？」などとストレートに聞かれても、答えに困る。目をそらし、しっぽでも振りながらやり過ごすしかないのでしょう。

ペット探偵からのお願い

猫はとても繊細。環境の変化には少しずつ慣らしていってあげて。

case 15

ペット探偵は名トレーナー?
信頼と食欲のエア散歩

これは、いけるんじゃないかな。

あずきと目が合った瞬間、私は思いました。その理由は、あずきが私の古い友だちに似ていたからです。

なつかしい旧友の名前は、宗達《そうたつ》。私が小学生の頃、一緒に暮らしていた日本犬のミックスです。宗達はとても賢く、人の気持ちをよく察してくれる犬でした。

当時の子どもは、悪いことをすると「反省しなさい！」と家の外に出されることがよくありました。私が親に叱られて家から閉め出されたときにはいつも、宗達はそばに寄ってきて気長に話し相手になってくれたものでした。

今、目の前にいるあずきも日本犬ミックス。体のサイズや毛色といった外見的なことだけではなく、彼女の醸し出す雰囲気がどことなく宗達に似ているように思えました。

あずきは絶対、いいコだ。きっと、私と気が合うはずだ。

私の胸に、たいした根拠のない自信が湧いてきました。

「交代しましょう。私がやってみます」

私は小さく深呼吸し、そっと声をかけました。私の足元で、道路に腹ばいになっておやつを差し出している依頼主に。

里親さんに引き取られたその日に脱走

今回の依頼主は、あずきの飼い主である遠山敦子さん。夫と成人した娘さんの3人＋猫1匹で、東京都内の一戸建てで暮らしています。そしてあずきは、まだ遠山家に一度も足を踏み入れていないのです。

野犬だったあずきは、千葉県の動物愛護センターに保護されました。地元の保護団体がセンターから引き出し、里親を募集。そしてインターネットで情報を見た遠山さんが、あずきを家族に迎えることにしたのです。

遠山さんは車であずきを迎えに行き、東京の自宅に戻ってきました。ずっと外で暮らしてきたあずきは、まだ室内で排泄する習慣がありません。そのため、家に入る前に近所をひと周りすることにしました。

でもリードをつけて歩きはじめて間もなく、あずきは何かに驚いて急に立ち止まりました。その拍子に首輪が抜け、あずきはそのまま走り去ってしまったのです。遠山さん一家には猫がいますが、犬と暮らすのはあずきが初めて。犬のパワーや動きに不慣れだったために起こってしまった事故でした。

すぐに家族で周囲を探しましたが、あずきは見つかりません。慣れない土地であずきが行きそうな場所もわからず、自分から遠山家に戻ってくることもありませんでした。

捜索の依頼があったのは、行方不明になってから2～3日後。有力な目撃情報が入ったのは、捜索3日めの朝でした。

現場近くにいた遠山さんは私より先に到着し、あずきを発見しました。でもあずきは、近寄ると逃げ出しそうな素振りを見せます。そこで遠山さんは、あずきを安心させようと腹ばいに。さらに持参したおやつを見せ、やさしく声をかけ続けたのです。

現場は、交通量の多い道です。通り過ぎる車のドライバーたちは、女性が道路に寝そべっている姿を見て、さぞ驚いたでしょう（笑）。私だってもちろん、少し驚きました。でも遠山さんは、あずきを保護することに必死。私が到着するまでの数分間、あずきがその場を動かずにいたのは、遠山さんの努力があってこそです。

ジャーキーで誘いながらゴールを目指す

私は持参したジャーキーをもち、あずきにそっと近づきました。しゃがみ込んでジャーキーを地面に置くと、あずきは喜んで食べます。遠山さんが近寄ろうとすると逃げそうになった、とのことでしたが、あずきは私のことはそれほど警戒していない様子。「このコとは、気が合いそうだ」という私の思いが通じていたのかもしれません。まあ、私がもっているジャーキーが魅力的だったこともあるのでしょうが（笑）。

私の近くでジャーキーを食べてくれるあずきですが、体に触れようとすると素早く後ずさりしてしまいます。これでは、首輪をつけることができません。あずきは柴犬ぐらいの大きさがあるので、抱き上げるのも危険です。いやがって本気で抵抗すれば、逃げ出すのは簡単。興奮して走り出してしまうと、交通事故にあう可能性があります。おまけに不快な体験が人間への不信感を強めてしまい、保護するのがますます難しくなってしまうでしょう。

私は中腰になり、数歩下がってからジャーキーを置いてみました。あずきは自分からジャーキーに近寄ってきて、おいしそうに食べます。

スマホの地図アプリで確認してみると、現在地から遠山家までは2キロ弱。ノーリードで誘導していくのは無謀な距離ですが、今できることはこれしかありません。それにこのときの私には、なぜか自信もあったのです。

2～3メートル下がってはジャーキーを置き、あずきを待つ。そしてまた下がり、ジャーキーを置く。長い「エア散歩」が始まりました。私とあずきをつなぐのはリードではなく、愛情と信頼……と思いたいところですが、実際は食欲です（笑）。

ジャーキーとおばあさん。選ぶのはどっち？

都会の車道ですから、途中には信号もあります。犬のトレーニングは苦手な私ですが、この日だけは、天才トレーナーが乗り移ったかのようでした。信号が赤の間はあずきに「待て」と言い聞かせ、いや「待ってください」とお願いして立ち止まらせ、青になると同時に「エア散歩」を再開することができたのです。

スローペースではありますが、私たちは着実に遠山家へ近づいていました。でも残り1キロをきったあたりで、第一のピンチに見舞われました。あずきが突然、私の後ろから近づいてきた女性に興味を示したのです。

80代と思われる小柄な女性が歩いてくると、それまで私、いやジャーキーに集中していたあずきがそばに寄っていき、うれしそうに女性の周囲を回りはじめたのです。私や遠山さんが声をかけても、反応はゼロ。ひたすら女性の顔を見上げてしっぽを振っています。

ただし女性は、あずきにまったく興味を示しません。ひとりと1頭の間には、笑いたくなるほどの温度差があります。何が起こったのかとあせる私に、遠山さんがささやきました。「遠藤さん、そういえば……。保護団体の人によると、あずきは野犬だった頃、犬好きな人にごはんをもらっていたらしいんです。たしか、小柄なおばあさん、って聞いたような気がします。あずきはあの女性を、ごはんをくれる人だと勘違いしてるんじゃないでしょうか」

毎日がサバイバルの野犬にとって、ごはんをくれる人は貴重な味方。以前のあずきには、そのおばあさんは心を許せるたったひとりの恩人だったのかもしれません。あずきは過酷な暮らしをしてきたんだなあ。私の胸の奥が、キュンと痛みました。

でも！　肝心なのは、あずきが今しっぽを振っているのは昔の恩人ではない、ということ。明らかに人違いなのです。あずきはごはんをくれるわけもない女性を追って、来た道をすでに20メートルほど戻ってしまっています。

このままでは、これまでの苦労が水の泡。胸をキュンなんてさせている場合ではありません。なんとかしなければ、とジャーキーの袋に手を突っ込んだとき、私は自分が第二のピンチに陥っていることに気づきました。

ジャーキーが残り1本になっている！

小さくちぎりながら食べさせていたのですが、それでも1回分が多すぎたのです。手もちのジャーキーの量と遠山家までの距離をしっかり考えるべきだった……。

ああ、どうしよう。

私自身に、あずきをつなぎとめる魅力はありません。あずきにとっての重要度が「ジャーキー＞遠藤」であることは明らか。今、呼び戻しに使えるのはジャーキーだけなのです。おまけに万が一、おばあさんの魅力がジャーキーを上回っていたら？　あずきはどこまでも彼女について行ってしまうでしょう。

頼む！「ジャーキー＞おばあさん」であってくれ！

私は祈りました。そして静かにあずきに近づき、勇気を振り絞って最後のジャーキーを丸ごと1本差し出しました。あずきは一瞬迷ったようにも見えましたが、ジャーキーの魅力は強烈だったのでしょう。おばあさんから離れ、「エア散歩」に戻ってくれました。

私はあずきが十分に近づいたところでジャーキーを拾い上げ、極小サイズにちぎって地面に置きなおしました。あずきをだましたようで申しわけなかったけれど、このジャーキーは、私に残された唯一の武器。あっさり手放すわけにはいかなかったのです。

自宅にたどりついたとたん、またダッシュ！

私はあずきをジリジリと誘導し、ついに家の近くまでやって来ました。遠山さんはひと足先に自宅に戻り、玄関ドアを開けて待っています。

でも、数日前に逃げ出したことを思い出したのでしょうか。遠山家の敷地に入ろうとした瞬間、あずきは回れ右をして走り出してしまったのです。唯一、私たちにとってラッキーだったのは、あずきが向かいのお宅の車庫に飛び込んでくれたことでした。

「車庫の入口をふさぎましょう！」

私は遠山さんに声をかけ、車庫の入口に立ちふさがりました。すぐに遠山さんもやってきて、私の右側に並びます。そしてなぜか、たまたま外に出ていた近所の女性まで走ってきて、私の左側に立ってくれました（笑）。

私と近所の女性が作った「壁」の中へ、遠山さんは自分から入っていきました。そして、あずきを抱き上げて保護に成功したのです。

初めて触れる中型犬、それも元は野犬である犬を抱くのは、かなり勇気のいることです。でも遠山さんはきちんとあずきと向き合い、最後はやさしく抱き上げました。時間はかかったけれど、これから家族になる犬を自分の手で保護することができたことを、遠山さんはとても喜んでくれました。

後日、遠山さんから数枚の写真が添付されたメールが届きました。あずきは家族みんなにかわいがられ、元気に暮らしているようでした。そして「おやつには、遠藤さんが保護するときに使っていた銘柄のジャーキーをあげています」とありました。

実を言えば、私のジャーキーはこだわりの逸品でもなんでもなく、現場近くのコンビニで急いで買ったもの。でも、あずきの食いつきがあまりにもよかったので、遠山さんは「プロのペット探偵だから、犬が大好きなものを知っているんだ」と勘違いしたのでしょう（笑）。
写真のあずきは穏やかな顔で、くつろいだ様子です。あいかわらず、どことなく宗達に似ていました。でも、脱走前と大きくかわったと思われることがひとつだけありました。散歩中の写真のあずきは、首輪ではなくハーネスをつけていたのです。

ペット探偵からのお願い

犬の首輪は、ゆるめにつけると抜けてしまうことが。首輪が苦手なコにはハーネスを試してみましょう。

case 16

おじいちゃん猫の冒険！決死のドライブ30キロ

「シー！」

口の前に人さし指を立てるジェスチャーで、私は近づいてきた酔っ払いのおじさんを黙らせました。おじさんはおそらく、「あんた、何やってんの？」と聞きたかったのでしょう。

それも当然です。午前2時過ぎ、中年男がひとりで電信柱の陰に立ち、スマホでごみ置き場を撮影しているのですから。

私はもちろん、あやしいことをしていたわけではありません。ペット探偵の職務を遂行していただけです。数メートル先のごみ置き場では、1匹の猫がごみ袋の山をあさっています。毛がボロボロになってはいますが、独特の柄は紛れもなくアメリカン・ショートヘアのもの。おそらく、捜索対象のビビでしょう。

依頼主に本人確認、いや本猫確認をしてもらうため、私はごみをあさる猫の動画を撮影していたのです。猫が驚いて逃げ出さないよう、電信柱と一体化するような体勢で。

おじいさん猫がエンジンルームに？

ビビの捜索を始めたのは、失踪から1カ月半ほどたってからのことでした。ビビは当時16歳のおじいさん猫。依頼主である塚田純子さんと家族が暮らすマンションの駐車場でひなた

ぼっこをするのが好きで、自宅のある3階から1階まで、階段を使って毎日のように往復していたといいます。

家に帰ってこなくなってからは、家族で周辺を探していました。ビビの年齢から考えて、あまり遠くには行っていないだろうと考えたからです。でも1カ月以上たっても見つからないため、プロの手を借りよう、ということになったのです。

有力情報が入ってきたのは、2日めの捜索を終える頃でした。ビビを探すチラシを見たという女性は、まずビビがいなくなった日を聞いてきました。そして私の答えを聞くと、自分が住む地域名とマンション名を告げたうえで話しはじめました。

ビビがいなくなった日の深夜、彼女は、飲み会で帰りが遅くなった夫を車で迎えに行きました。目的地は30キロほど離れた駅。自宅からは、高速道路を使って40分ほどかかります。彼女は駅前に車をとめ、車から降りました。そのとき、乗ってきた車の前のほうから生きものが飛びおりてどこかへ走っていったのを見た、たぶんあれは猫だった、と言うのです。

彼女が見たのは、ビビに違いないと私は思いました。なぜかというと、彼女が告げたマンション名が、塚田さんの自宅と同じだったからです。

猫は、車の下からエンジンルームに入り込んでしまうことがあります。いつものように駐車場でひなたぼっこをしていたビビは、何かに驚いたせいなどでパニックになり、近くにあった車の中にかけ上ってしまったのでしょう。そしてじっと身を潜めているうちに、運悪く車が移動してしまった、というわけです。

私は翌日の深夜、ビビ（と思われる生きもの）が最後に目撃された駅へ行ってみることにしました。遅い時刻を選んだのは、屋外で暮らす猫たちは深夜に活動することが多いため。そして、ビビが車から逃げ出した時刻に近いためです。

ごみあさりに夢中で、食べもののにおいにも無反応

コインパーキングに車をとめ、駅の近くを歩きはじめた直後に、私はビビらしき猫に出会うことができました。その猫は、道路脇のごみ置き場に積まれたごみ袋を一生懸命あさっています。塚田さんに提供してもらった写真ではツヤツヤ輝いていた美しいコートは、今やバサバサ。おそらくエンジンルームに閉じ込められて危険なドライブをした際、摩擦や熱で傷んでしまったのでしょう。

絶対にビビだと思いましたが、私はスマホのテレビ電話機能を使って塚田さんに連絡し、ごみをあさる猫のライブ映像を見てもらいました。電話の向こうの塚田さんは、「ビビです」

くれました。

とつぶやくなり、泣き出してしまいました。そして、今すぐこちらに向かうことを約束して

犬は呼び寄せて保護することができますが、猫は呼んでも来ないことがほとんど。家族の呼びかけにも反応しないのですから、初対面の私に呼ばれて近寄ってくるはずがありません。さらに動きも敏捷なため、近づいて抱き上げるのもリスクが大きい。こちらがあやしい動きを見せた瞬間、逃げ出してしまうことが多いからです。

塚田さんを待つ間、私は捕獲器を試してみました。ビビは、かなりおなかが空いている様子。ごはんにつられてすんなり捕獲器に入ってくれるかもしれない、と思ったのです。私は車から捕獲器をもってきて、ごみ置き場の向かい側に置きました。

でも捕獲器の中に置いたごはんのにおいに、ビビはまったく反応しません。すぐ近くにごちそうがあるのに、ひたすらごみあさりを続けているのです。

家を出てからの1カ月半、ビビは新米の野良猫として過酷な生活を送ってきたのでしょう。生き延びるためにごみあさりを続けた経験から、食べものはごみ袋の中にしかない！　という気持ちになっていたのかもしれません。

食べものでつることもできないとなると、私にできるのはビビから目を離さないことだけ

です。少しでも刺激したら、ビビは逃げ出してしまうかもしれません。私はひたすら気配を消し、電信柱になったつもりでその場に立ち続けました。

塚田さんは「すぐに行く」と言ってくれたけれど、塚田家からここまでは、どんなに急いでも40分はかかります。おまけに女性の場合、家を出るまでに、身支度などに多少の時間もかかるでしょう。

「早く来て早く来て早く来て……」

私は口の中で呪文のように唱えながら、ビビを見守っていました。

現場に向かう依頼主にうっかりミスが

10分ほどたったところで、塚田さんからの着信がありました。電話の相手は、娘の沙紀さん。運転中の塚田さんにかわって連絡をくれたようです。ビビをとてもかわいがっていた沙紀さんは、再会が待ちきれない様子でした。

「ビビは、まだそこにいますか？　映像を見せていただけませんか？」

私はビビの映像を送り、沙紀さんもビビの姿を確認して安心したようでした。私は沙紀さんに、電話ごしにビビに呼びかけてくれるように頼みました。

「ビビ！　ビビ、今行くからね！」

ビビは相変わらず無反応です。でももう少し続ければ、ビビはなつかしい家族の声を思い出してくれるかもしれません。でも、私が「もう一度お願いします」とささやこうとしたとき、電話の向こうから不吉な声が聞こえました。

「あっ……」

「なに、おかあさん。どうしたの？」

ふたりの声はいったん聞き取れなくなりましたが、何やら言い争っているような雰囲気です。次に聞こえてきた沙紀さんの声は、さっきより1オクターブ低くなっていました。

「遠藤さん、すみません。母がキャリーケースを忘れてきたと言うんです。ケースがないと連れ帰れませんから、いったん家に戻りますね」

沙紀さんは、かなりがっかりした様子。もちろん、純子さんだって自分にがっかりしていたでしょう。でもこのときいちばんがっかりしたのは、絶対に私です（笑）。

深夜、いつ逃げ出すかわからない猫を、身動きもせずに見守る孤独感と緊張感はペット探偵にしかわからないでしょう。1秒でも早く来てほしいのに、忘れものとは！　私は心の中で「コラーッ！」と純子さんを叱りました。

保護の決め手は家族の決断力

私は、声に出さずにつぶやく呪文を「そこにいてそこにいてそこにいて」に切りかえ、ふたりを待ち続けました。ビビはずっとその場にとどまっていましたが、それは私の祈りのパワーではなく（笑）、ごみあさりの成果が出なかったためでしょう。

野良としての経験が浅いせいか、ごみ袋を必死でひっかいたり噛んだりしてもうまく破くことができず、ビビは食べものにありつけていなかったのです。

純子さんと沙紀さんが到着したのは、最初の連絡から1時間近くたった頃でした。ごみ袋との格闘を続けるビビに、沙紀さんがそっと近づきました。

「ビビ。おいで、迎えにきたよ」

でも沙紀さんの気配におびえたのか、それともごみあさりをあきらめたのか。ビビはいきなり走り出し、2棟のビルのすき間に逃げ込んでしまいました。

沙紀さんは、その場で号泣。私は沙紀さんをなぐさめながら、「ああ、忘れものさえなければ！」と、心の中で純子さんを軽く責めていました（笑）。

ビビが入っていったところは行き止まりになっているようで、奥にビビがいる気配があります。ただし、すき間は幅30センチほど。私にはとても入れません。対処法を考えていると、沙紀さんがすっと動きました。暗くて狭いすき間に、無言で入っていったのです。

1〜2分、待ったでしょうか。すき間から出てきた沙紀さんは、両腕でしっかりとビビを抱いていました。そして涙をぬぐうこともできずにボロボロと泣きながら、つぶやきました。

「……いました」

ビビは塚田家のキャリーケースに入り、家へ帰っていきました。

塚田家の車を見送ると、私は伸びをして肩を回し、すっかりかたまってしまった体をほぐしました。やっと電信柱から、人間に戻ることができたのです。

ペット探偵からのお願い

猫が**エンジンルーム**に**入り込む**のは珍しくありません。
車に**乗る前**に
「猫バンバン」を！

case 17

ペット探偵は
サンタクロース

ああ、きれいだな。

車をとめたコインパーキングから依頼主の家へ向かって夜道を歩きながら、私は思わずつぶやきました。

米軍の横須賀基地近く、という土地柄でしょうか。静かな住宅地には、数日後に迫ったクリスマスに向けて思い思いに飾られた家が並んでいました。カラフルに輝くイルミネーションは、寒さに背中を丸めて迷子犬捜索の打ち合わせに向かうペット探偵の気持ちまで、ちょっぴりワクワクさせてくれました。

クリスマス直前、ペットが迷子に

迷子になっているのは、チワックスのルナ。チワックスとは、チワワとミニチュア・ダックスフンドのミックス犬の通称です。正式な犬種として認められてはいませんが、目がクリッとしたチワワの顔立ちと、胴長なミニチュア・ダックスフンドの体つきをあわせもつ、小さなかわいらしい犬です。

ルナは散歩中、ハーネスが外れて逃げ出してしまいました。寒さが厳しい季節ということもあり、飼い主である鈴木さん一家はとても心配していました。

依頼主であるジェニファーさんは、アメリカ人。夫の幸太郎さんが単身赴任中のため、依頼時は小学校高学年の娘、低学年の息子と3人で暮らしていました。子どもたちのさびしそうな顔を見て、私は絶対にルナを連れ戻そうと決心しました。

目撃された場所の近くでルナを発見

ルナがいなくなって3～4日たってからのスタートでしたが、初日の捜索を終えた直後に目撃情報が寄せられました。鈴木家から3～4キロ離れた水道局の施設の近くで、ルナに似た犬を見た、というもの。毛色や体つきなどの特徴から、ルナである可能性はかなり高いように思えました。

翌日は朝から、目撃情報のあった場所の周りを中心に捜索を進めました。でもルナに出会うことはできず、新しい情報もないまま夜になってしまいました。

この日は、クリスマス・イブ。多くの人は、家族や恋人と楽しんでいることでしょう。でも私は厚着をしてライトをもち、「ルナちゃ～ん」とつぶやきながら暗い道をひたすら歩きまわっていました。

頭に浮かぶローストチキンやケーキのイメージをなんとか振り払ったとき、少し先でササッと動くものがありました。慎重にライトを当ててみると、白っぽい毛色の小さな犬！たぶん、ルナです。犬を驚かせないよう、私は距離をおいて後をつけていきました。

短い足でチョコチョコと歩いていた犬は、ある場所で急に左に曲がり、そのまま姿を消しました。近づいて確認すると、そこは目撃者から教えられていた水道局の施設の正門だったのです。

大きな扉はしっかり閉められ、施錠されています。でも門の下には、わずかなすき間があります。犬はここから敷地内に入っていったのでしょう。

すき間の高さは、目測で20センチほど。猫と違い、犬はそれほど体がやわらかくありません。世界一小さな犬種であるチワワでも、ここをくぐり抜けるのは難しいでしょう。チワワレベルの小ささと、ミニチュア・ダックスフンドレベルの足の短さをあわせもつチワックスだからこそ、門の下からの出入りが可能だったように思えました。

犬はともかく、人間は施設内に勝手に入ることはできません。施設もすでに終業しており、中に入れてくれるように頼むこともできないため、続きは翌日にするしかありません。

私はジェニファーさんに連絡を入れ、ルナと思われる犬を発見したことや元気そうであること、現在の居場所などを報告しました。そして明日の朝、まずは施設の許可を得てから捜索を再開することも伝えました。

姿を現したペットに呼びかけたけれど……

翌朝、施設側に事情を説明すると、快く入場を許可してくれました。ジェニファーさんと息子の純くんも合流し、さらに施設側の立会担当者である男性職員も加えた4人体勢で、私たちは午前中から捜索を開始しました。

門を入ってみると中はかなり広く、あちこちに小型犬が身を隠せそうな植え込みや草むらもありました。私は敷地を1周してみて、予想より手間取ることになるかもしれないな、と感じました。

でも私の予想は、あっさり裏切られました。探しはじめて間もなく、どこからともなく犬が姿を現したのです。

少し離れたところで立ち止まっているのは、昨日見かけたのと同じチワックスです。明るいところで毛色や顔立ちを確認すると、間違いなくルナです。私はジェニファーさんにささやきました。

「ルナが出てきました。驚かせないように、やさしく呼び寄せてください」

ジェニファーさんと純くんはうれしそうにうなずき、声をそろえて呼びかけました。

「ルナ！　おいで、ルナ！」

ルナはピクッと耳を動かし、私たちのほうへ注意を向けました。そして、軽い足どりで走ってきました。

朝の光を浴び、ふんわりした耳の飾り毛を揺らして走ってくるルナ。小さな体が楽しそうに跳ねる様子は、とてもかわいらしかった！

ジェニファーさんと純くんは、満面の笑顔。小さなルナを迎えるために膝を折ってしゃがみ、両手を広げて待っています。

右のほうから、ルナが元気にかけ寄ってきます。タッタッタ。短い足を元気に動かして。

ああ、ルナ。よく戻ってきたね。

私の胸にも、安堵が広がりました。

が。

タッタッタ。

ルナはペースを落とすことなく家族ふたりの前を素通りし、私たちの左のほうへと走り去っていったのです。

ペットの態度に、家族はがっかり

私たち4人の間に、微妙な空気が流れました。

家族に加わったばかり、というような場合を除き、犬は家族に呼び寄せてもらって保護するケースがほとんどです。家族ふたりをスルー……なんて展開は、私にとって想定の範囲外。もちろんジェニファーさんや純くんだって、こんなことが起こるとは思っていなかったはずです。私は気をとりなおし、あえて明るく言いました。

「家を離れて慣れない場所にいるから、ルナはちょっとパニックを起こしちゃったのかもしれませんね。ルナがこの敷地内にいることはわかったんですから、もう一度チャレンジしてみましょう！」

その後もルナは、私たちの前に数回姿を現しました。ジェニファーさんと純くんはそのたびに呼びかけるのですが、ルナが家族の腕の中に飛び込んでくることはありませんでした。

失敗を3～4回くり返すと、純くんはすっかり落ち込んでしまいました。無理もありません。大好きなペットに無視されるなんて、家族としてはかなりのショックです。

そしてジェニファーさんは、完全にあきらめモード。私のなぐさめや励ましも効果がなく、顔には「ダメだ、こりゃ」と書いてあるよう（笑）。結局、ジェニファーさんと純くんは、昼過ぎに帰宅してしまいました。

でも、私はプロの探偵です。ルナに無視されたからといって、簡単にあきらめるわけにはいきません。とはいえペットの保護には、原則として現場での家族の協力が不可欠。どんなに人なつっこい犬でも、家族やよく知っている人以外には警戒心を示します。赤の他人である私が、ルナをだっこで保護することはほぼ不可能なのです。

消去法で残った唯一の手段として、私は捕獲器を置いてみることにしました。本来は猫用のものですが、チワックスのルナならサイズ的に問題はありません。

ルナが通った場所に捕獲器を置き、私は車で待機。1時間おきに様子を見にいきました。そして施設の終業時刻ギリギリの18時頃。これがラストチャンス！　とチェックしにいったところ、捕獲器の中でルナが丸くなっていたのです。

保護した犬を連れて依頼主の元へ

捕獲器でペットを保護した場合、通常はその場で依頼主に連絡を入れて現場へ来てもらいます。そして、自分のペットであることを確認してもらってから連れ帰ります。これは、ペットの取り違えを防ぐための原則です。

でも目の前にいる犬は、数時間前に依頼主がルナであることを確認しています。おまけにチワックスは、まだそれほどポピュラーではない犬種。体の特徴がそっくりな犬が、同じ時期・同じ地域で迷子になっている可能性は限りなくゼロに近いでしょう。

私はルナの入った捕獲器をそっと車に積み込みました。そして、連絡を入れずに鈴木家へ向かったのです。

ペットの捜索は、3日間が1クール。捜索最終日には、必ず依頼主に報告に行くことになっています。今日は捜索最終日のため、当然ジェニファーさんも、私が訪問することを知っています。ただしペットが見つかった場合は、「発見！」の連絡を受けて依頼主や家族が現場へ出向く約束になっているため、事前連絡なしの訪問＝「保護できませんでした」という報告、ということになるわけです。

でも私はこの日だけ、少しルールを破ることにしたのです。だって、クリスマスだから。

スペシャルなクリスマスプレゼント

イルミネーションがキラキラと輝く住宅街で、鈴木家はなんだか陰気に見えました。玄関のライトや庭に面した窓のあかりまで消えています。純くんもかなり落ち込んだ様子だったし、ルナが帰ってこないショックで子どもたちは早々と寝てしまったのかもしれません。

鈴木家のインターフォンを押すと、私はルナの入った捕獲器を体の後ろに隠しました。少しして、はい、という返事がありましたが、ジェニファーさんの声はかなり疲れているように聞こえました。

「夜分、申しわけありません。ジャパン ロスト ペット レスキューの遠藤です」

「ああ。はい、今行きます」

ガチャッ、とドアを開けてくれたジェニファーさんは、あきらめ顔でした。当然です。私がいきなり訪ねてくるということは、ルナを保護できなかった、ということなのですから。

私は体の後ろに隠していた捕獲器を差し出し、ひと言だけ、言いました。

「メリー・クリスマス！」

ジェニファーさんは数秒間かたまった後、何ごとか叫んでガシッ！ と抱きついてきました。騒ぎに気づいた子どもたちも、パジャマ姿で玄関に出てきました。そして再び、喜びの声が上がりました。

私はもちろん、黙ってルナを連れ帰ったら最高のサプライズになるな、と思っていたのです。想像もしていなかったクリスマスプレゼントに一家が喜んでくれるだろう、いや喜んで

case 17

ペット探偵はサンタクロース

もらいたいな、と期待していたのです。予想外だったのは、鈴木家の反応が、日本生まれ・日本育ちである私の予想を大幅に上回っていたことでした。叫ぶ、抱きつく、笑う、飛びはねる……。アメリカン・スタイルの感情表現に、私は一瞬、圧倒され、慣れないハグをされて照れくさくなりました。でも3人の笑顔を見るうちに、なぜか自分まで、じんわりとうれしくなってきたのです。

　玄関の扉を閉め、捕獲器から出したルナを純くんに手渡したとき、私はサンタクロースになった気分を味わうことができました。

ペット探偵からのお願い

犬を**家族**に**迎えた**ら
呼び寄せだけは**練習**を！
迷子になったときにも
きっと**役立ち**ます。

ペット探偵から飼い主さんへ

1

迷子のペットの探し方

ビルのすき間をのぞき込み、草むらにもぐり込み……。ペット探偵というと、ひたすら歩いてペットを探しているイメージがあるかもしれません。私たちが屋外で捜索する時間が長いのは事実です。でも、やみくもに動きまわっているわけではありません。経験から導き出した、ペット探しのメソッドがあるのです。

ポスター&チラシ制作＋3日間の捜索が基本

ペットの捜索は、依頼を受けるところから始まります。捜索開始までの時間を少しでも短縮したい、という思いからでしょうか。メールではなく、電話での依頼が80～90パーセントです。

最初の電話では、まず失踪前後の事情を聞きます。そして、家族が今すぐにできることについてアドバイスをします（185ページ～）。実はこのときのアドバイスに従ってもらうことで、家族の力でペットを保護することができるケースも少なくありません。

さらに捜索のシステムなどを説明したうえでメールで質問フォームを送信し、記入ずみのフォームとペットの写真をできるだけ早く返送してもらいます。そして、事務所ですぐにチラシとポスターを制作。依頼主に内容を確認した後、印刷します。制作枚数は、猫ならポスター50枚&チラシ1000枚。犬ならポスター150枚&チラシ1500枚が基本です。

捜索は、1日8時間の捜索×3日間が1クール。初日の捜索開始時刻の前に依頼主を訪問し、細部に関するヒアリングや確認を行った後、捜索開始となります。

ペットを発見した場合は、原則としてすぐ依頼主に連絡し、現場に来てもらいます。そして自分のペットであることを確認してもらったうえで、保護にとりかかるわけです。

猫はかくれんぼ、犬は追いかけっこ

ひと言で「ペットの捜索」といっても、猫と犬では探し方がまったく異なります。

猫の捜索は「短距離走者とのかくれんぼ」。捜索範囲は比較的狭いのですが、立体的な動きや狭いところに潜り込むことも得意なため、上下左右に目を配る必要があります。探し方の基本は「内から外へ」。捜索は夜がメインで、夜中の12時頃に始め、1時間の休憩をはさんで朝の9時頃終了、というイメージです。

室内飼いの猫が外に出てしまった場合、自宅の近くにいることがほとんどです。猫は行動範囲がそれほど広くないため、付近をていねいに捜索することが発見につながります。また屋外の生活に慣れていない猫の場合、野良猫や人を恐れて昼間は隠れて過ごし、夜中に動きまわることが多くなります。その行動パターンに合わせて、夜間に捜索を行うわけです。

開始時刻を深夜に設定しているのは、捜索の終盤で夜が明けるようにするためです。夜に活動するコが多いとはいっても、明るくなってからのほうが見つけやすいもの。また、夜中の捜索だけだと人に会えないため、チラシを配ったり、目撃情報を聞き込んだりすることができません。明るくなってからの数時間は、情報集めのための時間でもあるのです。

これに対して、犬の捜索は「長距離走者との追いかけっこ」。立体的な動きこそありませんが、広い範囲の捜索が必要です。探し方の基本は、「外から内へ」。捜索は朝の10時から夜7時、のように、おもに日中に行います。

猫と犬のいちばんの違いは、行動範囲の広さです。犬は1日に数キロ移動することが珍しくありません。そのため、偶然出会って発見！　などということは、まずありません。犬の捜索は、情報が命。まずは目撃情報を入手し、居場所を特定することが大切なのです。

犬の捜索は、その犬の体格や失踪後の日数などを元に「最大移動距離」を推測することから始まります。そして、自宅を中心に最大移動距離を半径とする円を描き、その円内を捜索範囲とします。捜索範囲が決まったら、まずは円の「外周」にあたる場所からチラシ配りやポスター貼りを開始し、その後、内側へと捜索範囲を広げていきます。

先に外周を埋めてしまえば、捜索範囲の外へ出ようとしたときに目撃される確率が上がります。反対に言えば、外周にあたる地域での目撃情報がなければ、犬はまだ捜索範囲内にいる可能性が高い、ということなのです。

捜索を日中に行うのは、居場所の特定につながる情報を集めたいからです。1枚でも多くのチラシを配り、「このコを見ませんでしたか?」と尋ねるためには、人が活動している日中のほうが効率がよいのです。

ペット探偵のマル秘アイテム

捜索の基本はペットの姿や情報を求めて歩きまわることですが、捜索対象のペットが、いつも「見やすいところ」「保護しやすいところ」にいてくれるわけではありません。そんなときのために、ペット探偵の車にはいくつかの道具が積み込まれています。

一般の人にはあまりなじみがないのでは? と思われるのが、182〜183ページで紹介する「ペット探偵七つ道具」(笑)。いかにも「プロっぽい」アイテムです。それに加えて184ページの小道具類も必携! 七つ道具にくらべると見た目は地味ですが、いざというときに発揮するパワーは強力です。

ペット探偵七つ道具

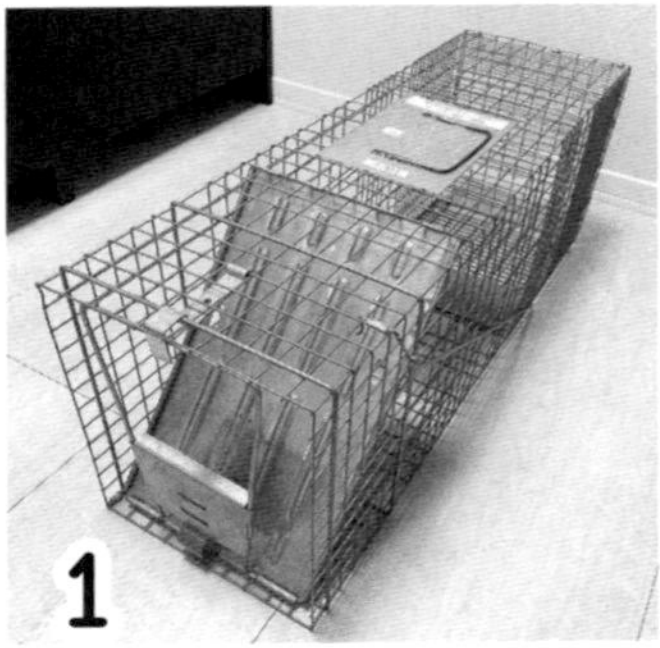

捕獲器

おもに猫を保護する際に使います。箱型のケージで、奥のほうにペットが好きな食べものを入れておきます。動物が中に入ると自動的に扉が閉まります。

モーションセンサーカメラ

動くものを感知すると、自動で動画を撮影・保存します。人がその場にいなくても作動するため、警戒心が強いペットの捜索にも便利です。

サーマルカメラ

熱を感知して画像を映し出すカメラ。動物の体温にも反応するため、カメラを通して見ることで、暗闇でもペットの姿を探すことができます。

ファイバースコープ

光ファイバーを束ねたコードの先端に、小さなレンズをつけたもの。人が入っていけないすき間やふたのある側溝の中などを確認するときに使います。

暗視スコープ

光を増幅する機能によって、暗闇の中でも周囲を観察することができます。ナイトビジョンともいい、夜に活動することが多い猫の捜索によく使います。

双眼鏡

遠くにあるものを観察する際に使います。猫や犬の捜索に使うこともありますが、鳥を探すときには欠かせないグッズです。

レーザーポインター

離れたところに、緑や赤の光を照射することができます。動くものを追う本能を利用して、猫を隠れ場所からおびき出すときに使います。

ペット探偵の必携小道具

おやつ

犬用、猫用、香りが強いものなど、数種類を常備しています。

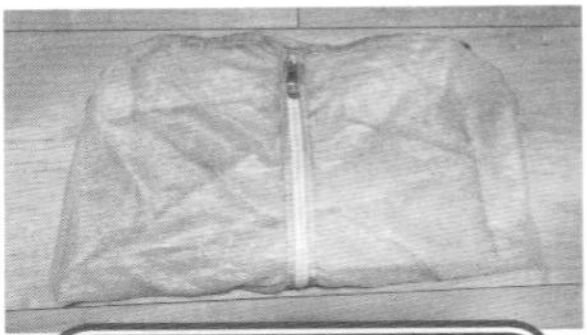

洗濯ネット

警戒心が強い猫を抱くときに、全身をすっぽり包んでしまいます。

マタタビスプレー

マタタビ好きな猫には、おやつ以上の効果を発揮します。

ルーペ

塀のすき間に残された動物の毛を観察するために使う……ことがあります（笑）。

首輪&リード

保護する際、「首輪をもってくるの忘れた！」なんて依頼主のために（笑）。

家族のためのペット捜索の基本

捜索の依頼を受けたとき、私は「すぐにしてみてほしいこと」を依頼主に伝えることにしています。いなくなってから時間がたっていない場合などは、まずはその方法を試し、それでもペットが戻らなければ、あらためて依頼してください、とお話しすることもあります。

また、依頼を受けた場合でも、捜索を開始するまでには準備が必要。どんなに早くても、丸一日はかかります。その時間をむだにしないためにも、家族でできることから始めてみてほしいのです。うまくいけばペットがすんなり見つかり、探偵への依頼をキャンセルすることもできます（笑）。

【猫がいなくなったときにしてほしいこと&避けたいこと】

○自宅の出入口付近などに、使用ずみの猫砂やペットシーツを置く
　↓自分のにおいが確認できるものがあると、安心して戻ってくることがある。
○1階にある出入口（扉や掃き出し窓など）を開けておく
　↓人の気配がないときに帰ってくるので、できれば夜も開けておく。
○仲よしの同居猫がいれば、（窓を開けるなどして）その声を聞かせる
○家族の声を聞かせる。ただし、思いつめた声やこわい声は逆効果。やさしい声で！

↓自宅近くに隠れていることが多いので、仲間や家族の声を聞きつけることも。

×「1食分」になるほどのごはんを置く

↓おなかが満たされてしまうと帰ってこないので、食べものを置くなら少量を。

×家族以外の人と一緒に探す

↓知らない人に対する警戒心から、出ていきたくても出ていけなくなることが。

【犬がいなくなったときにしてほしいこと&避けたいこと】

○ポスターやチラシを作って情報を集める

↓ポスターは動物病院、ペットフードを扱うお店などに貼らせてもらうとよい。

×近所を歩いて探しまわる

↓犬は行動範囲が広いので、近所を探している間にどんどん遠くへ行ってしまう。

猫と犬、どちらの場合も、警察に届け出ることを忘れずに。同時に保健所や清掃局、動物愛護センターなどへの連絡も必要です。届け出るべき施設は地域によって異なるので、まずは市区町村役場に確認してみるとよいでしょう。

2

LOST
何かを失ったときに

小学1年生の頃のことです。私は買ってもらったばかりの自転車に乗って、空手の道場へ向かいました。

空手を習っていたのは、シャイなところのある私を両親が心配し、「強くなればいじめられないはず！」と考えたから（笑）。私自身は空手にそれほど興味がなかったので、「習わされていた」と言ったほうが近いかもしれません。

夕方、練習を終えると、外は薄暗くなっていました。私は早く帰ろうと駐輪場へ急ぎました。でも、とめたはずのところに自転車がない！　後から来た人が動かしたのかもしれないと思い、それほど広くない敷地内を何度も見てまわったのですが、どうしても見つかりません。子どもにとって、これは大事件です。

お気に入りの自転車がない。とても大切にしていたし、まだ新しかったのに！　買ってもらってすぐになくしてしまうなんて、きっと親にも叱られるだろう。でもぼくは、ちゃんと決められた駐輪場にとめておいたのに。なくしたんじゃない、盗まれたんだ……。

悪いほうへ、悪いほうへと想像がふくらんでいきます。空手できたえられているはずの精神力なんて、もろいもの（笑）。ショックと混乱で、私は泣き出してしまいました。そして泣きながら、30分ほどかけて歩いて帰宅したのです。

ペットがいなくなった！　そんなときのつらさは……

自宅に着くと、ちょうどどこかから戻った父が車から降りてくるところでした。泣いている私に驚いたのでしょう。父はあわててかけよってきました。

「どうしたんだ？　お父さん、道場まで迎えに行って、車で待ってたんだぞ」

……え？

自転車泥棒（？）の正体は、父でした。父は練習が終わる前に道場につき、私の自転車を車に積み込んでいたのです。

お気に入りの自転車も戻ったし、親にも怒られずにすんだ。めでたしめでたしの結末ですが、駐輪場で必死に探しまわったときのあせりや悲しさ、泣きながら歩いていたときの混乱した気持ちは、今でも忘れることができません。

大人になってペット探偵の仕事を始めてから、私はこのときの気持ちを何度も思い出すことになりました。ペット探偵に仕事を依頼してくる人は皆、ペットがいなくなったことで悲しみ、混乱しています。もちろん、「物」である自転車と、命あるペットを一緒にすることはできません。でも、「失ったかもしれない」と思うものが「物」であっても、私はあれほどつらかったのです。それが大切な家族の一員だったら、その悲しみはどれほどだろう？

依頼主の気持ちを想像するとき、私の中にはいつも、泣きながら帰ったときの喪失感がよみがえってくるのです。

ペットとの再会をあきらめないで！

ペットとして迎えられる動物は、人より寿命が短いものがほとんどです。飼う側も、いずれは別れがくることを知っています。でもペットの失踪は、寿命がつきたための別れとはぜんぜん違います。「今、ここにいない」ことは同じだけれど、生死さえわからない。そんな状況は、ある意味、ペットとの死別以上につらいものです。

ペットの身に何が起こっているかわからない、という不安は、悪い想像をあおります。おなかをすかせているんじゃないか。どこかに首輪がひっかかって動けなくなっているんじゃないか。けがをしているんじゃないか。悪い人に保護されて、ひどい目にあっているんじゃないか。……ああ、もうダメだ！　ペットを探す家族の心の中は、いやな予感や不吉な想像でいっぱいになっていることが多いのです。

口下手な私はこんなとき、気のきいたなぐさめの言葉を思いつくことができません。だから落ち込んでいる依頼主には、自分が経験から知った事実を伝えることにしています。動物には生き抜く力があること。ペットが頑張って生きているのだから、家族も頑張って探し続ければきっと再会できること……。

ペット探しは、3日間が1サイクルです。残念ながら、その捜索期間内に発見できないコもいます。それでも、その間に配ったチラシを保管しておいてくれる人や、ポスターを貼ったままにさせてくれるお店や動物病院も少なくありません。チラシなどには、私の事務所につながる連絡先が記載してあります。そして数週間、数カ月後に有力情報が入ってくることも珍しくないのです。

どれだけ時間がたっていようと、新しい情報が入ったときは、すぐに依頼主に伝えます。そして、その情報がペットの発見につながることもあるのです。これまでの最長記録としては、失踪から1年半後に見つかった猫がいます。

捜索の現場では、依頼主の「素」が見える

大切なペットの失踪は、家族にとって大きなショックです。おそらく、そのためでしょう。ペット探しの現場では、依頼主や家族の「素」が出てくるように思えます。

初回の打ち合わせからテキパキと仕切って効率よく進める人もいれば、泣きくずれてしま

う人や、プロであるペット探偵にすべておまかせ、という人もいます。私への依頼の前後には依頼主や家族が捜索を行っていることが多いのですが、そのために会社を休むのなんてあたりまえ（笑）。休みをとりにくい職場だからと、身内に不幸があったとうそをついて忌引き休暇をとる人や、仕事を辞めてしまった人もいます。

そのほかにも、ペットがおなかをすかせているんじゃないか、という思いから自分まで食事をとれなくなってしまったり、ペットを逃がした夫を責めて離婚騒ぎになったり……。ペットへの愛情は、「しっかりした社会人」「常識を備えた立派な大人」といった「表の顔」を消し去ってしまうほどのパワーがある、ということでしょう。

そして依頼主の本質がいちばんよく見えるのが、見つかったペットと再会する瞬間です。とくに男性の場合、打ち合わせから捜索中までは、なんとか感情を抑えようとする人が多いもの。でもペットを目の前にしてしまうと、そんな抑制が吹っ飛んでしまうことがあるのです。コワモテの男性がペットをそっとナデナデしながら、かわいらしい作り声で名前を呼び続けていたり、威厳たっぷりの会社経営者が、ペットを連れ帰った私に泣きながら抱きついてきたり。人には、見かけだけではわからない面があるんだな……。私がこんな発見をすることができたのも、動物たちのおかげかもしれません。

3

動物から学んだこと

子どもの頃から動物が好きだった私は、10代後半まで、動物園の飼育員になりたいと思っていました。あるとき、子どもの頃からよく遊びに行っていた近所の動物園で、入場券を販売する係の女性に聞いてみました。

「あのー。実はここの飼育員になりたいと思っているんです。面接を受けるには、どうすればいいですか?」

女性の答えは、シンプルかつショッキングなものでした。

「あなた、公務員資格はもってるの?」

当然です。その動物園は都立なのですから、正規雇用の従業員は当然、公務員でなければなりません。当時の私は「飼育員＝動物の世話が上手にできればいい」と単純に考えており、もっとも基本的なことにさえ気づいていなかったのです。

たまたまテレビで見たペット探偵に弟子入り

なじみのある動物園の飼育員になるには、公務員資格という高い壁を越えなければならない。でも、今から勉強して試験を受けるのは無理だな……というわけで、私は子どもの頃からの夢をあっさりあきらめました(笑)。

でもその直後、たまたま見ていたテレビの深夜番組で、私は魅力的な仕事を発見します。それがペット探偵でした。番組では探偵がペットを捜索し、みごとに探し出して保護するシーンなどが紹介されました。

ペット探偵の仕事にすっかり興味をもった私は、翌日さっそく書店に足を運び、テレビに出ていた探偵の著書を購入しました。読んでみると、ペット探偵がますます魅力的な仕事のように思えてきました。そこで私は掲載されていた探偵社の社名などから連絡先を調べ、「雇ってください！」と電話。そして、すんなり採用してもらったのです。

当時の私には、「探偵」という職業への憧れがありました。そしてもちろん、「ペット」も大好き。言ってみれば、「ペット探偵」は、私が好きなもの同士のコラボレーション！おまけに私が好きな映画は、かわいいエイリアンと子どもたちの交流を描いた『ＥＴ』と、少年たちが森を歩くシーンが印象的な『スタンド・バイ・ミー』です。つまり屋外を歩きまわってかわいい生きものを探し出す仕事は、私が好きな要素をかけ合わせたハイブリッド！でもあったわけです（笑）。

憧れの仕事を実際に始めると、実はつらかった、つまらなかった、なんて話をよく聞きます。でも私の場合、憧れのペット探偵は、まさにイメージどおりの仕事！着任した初日から、「ずっと続けていきたい」と思ったのです。

いったん辞めたペット探偵を再開

楽しく、やりがいもあるペット探偵でしたが、ひとつだけ難点がありました。当時、私は日給制で雇用されていたこともあり、収入が安定しなかったのです。20代半ばの頃、結婚をきっかけに私はペット探偵を辞め、別の仕事に就きました。

現在の「ジャパン ロスト ペット レスキュー」を設立したのは、2011年のことです。あらためてペット探偵業を始めたきっかけは、ふたつありました。

ひとつめが、その年の3月に起こった東日本大震災。大きな被害が出た中、私ができることはなんだろう？ と考えたのです。そのとき真っ先に浮かんだのが、家族と離ればなれになってしまったペットの捜索でした。もちろん、被災地でのボランティアや募金をすることもできます。でもペットの捜索は、「私だからできること」だと感じたのです。

ふたつめが、自分自身の離婚です。家族と離れたことは想像以上につらく、精神的に不安定になった時期さえありました。でも、どん底の時期をなんとか乗り越えたとき、自分が本当にしたいことをやってみよう、という気持ちが芽生えました。

ペット探偵を辞めて営業の仕事をしていた間も、私には探偵業への未練がありました。外回り中、ペットを探すためのポスターなどが目につくと、必ず内容をチェック。発見できる可能性アリ、と思うと仕事そっちのけで付近を捜索し、実際に探し出したことも一度や二度ではありません(笑)。家族のため、安定した収入のため、と自分に言い聞かせてはいましたが、本音を言えば、ずっとペット探偵に戻りたかった！　だから再スタートを切るにあたり、大好きな仕事に本気で取り組むことを決めたのです。

「人が好き」になれたのも動物たちのおかげ

私は、子どもの頃から動物と一緒に暮らしてきました。でもペット探偵の仕事を始めてみて、「飼い主」としての自分には見えていなかったことがあるのに気づきました。それが、動物たちの「生きる力」の強さです。

普段は居心地のよいおうちで王子さま・お姫さまのように暮らしているコでも、家を離れれば、驚くほどのサバイバル能力を発揮します。ペットは、人間が思うほどヤワではありません。人間のように過去を悔やんでクヨクヨしたり、未来を恐れてビクビクしたりせず、ただ「今」を生きることに一生懸命になれるのです。そして頑張って生き抜くことができて初めて、「家族の元に戻る」というハッピーエンドも可能になるのです。

若い頃の私にとって、探偵業は「ペットのため」であり、「動物とかかわる仕事」であるという位置づけでした。自分はペットの安全と幸せを守るために頑張っているのだ！　と思っていたのです。でもよく考えてみると、ペット探偵が捜索対象の動物と接するのは、ほんのわずか。打ち合わせをするのも、報告するのも、協力を求めるのも、すべて依頼主やその家族です。動物と触れ合うより、人とかかわる時間のほうがずっと長いのです。

また、保護されて自宅に戻ることができたペットは、もちろん喜び、ほっとしているでしょう。ですが、ペット以上に喜んでくれるのが依頼主です（笑）。私は、依頼主と家族の笑顔やうれし涙を見るたび、ペット探偵になってよかった、と心から思います。つまり、「人間のため」に頑張っている部分も大きいのです。

私はどちらかといえば、「人が苦手で動物が好き」なタイプでした。でも、多くのやさしい家族と接する経験を通して、すっかり人も好きになりました。今の私は「ペットと人間、両方のために仕事をしている」と、素直に思うことができます。

かたくなだった私の気持ちがこんな風にかわってきたのも、いつも一生懸命に生きる姿を見せてくれる動物たちのおかげかな？　と思うのです。

動物は優等生なんかじゃない

ただし私は、多くのペットやその家族を見てきたペット探偵です。ペットたちが「頑張り屋さんでよいコ」なだけの優等生ではないことも、キッチリ知っています。

たとえば、私の愛犬がよい例です。ポメラニアンのルイはもう6歳ですが、いまだにペットシーツの上で排泄するたびに、ごほうびのおやつをもらっています。でもたまに、ペットシーツの上に乗っただけなのに、おやつをせがんでくることがあるのです。

私が「ちゃんとできたの?」と聞くと必ず、「できたよ!」という顔をします。そしてクルクル回って見せたり、後ろ足で立ち上がったりして、「おやつちょうだい! おやつおやつおやつ!」と猛アピールしてくるのです。まったく、とんでもないうそつき犬です(笑)。

でも私はいつも、ルイにせがまれるままにおやつをあげてしまいます。だって、かわいいから(笑)。一生懸命に生きる素直な姿もいいけれど、おやつのために下手なうそをつくところもたまらない。こんなにかわいい家族になら、手のひら、いや肉球の上で転がされてもいいかな、なんて思ってしまうのは、私だけではないはずです。そして人が動物を思うこんな気持ちが、ペット探偵の仕事を続ける原動力にもなっているのだと思います。

著者

遠藤匡王（えんどう まさたか）

1976年東京生まれ。22歳のときにペット探偵に弟子入りし、経験を積む。その後、いったんは一般企業に就職するも、ボランティアとして迷子ペットの捜索活動を継続。2011年にジャパン ロストペットレスキュー（一般社団法人アニマリア）を設立。現在では代表理事として10数名のスタッフを率い、全国から年間約1,000件の捜索依頼を受け、発見率は80％以上。その活動は、日本テレビ「天才！志村どうぶつ園」、テレビ朝日「スーパーＪチャンネル」、TBSテレビ「ビビット」、新聞・雑誌など多数のメディアで取り上げられている。「かけがえのない家族との再会を叶えるため、誠心誠意捜索活動にあたる」ことをモットーに、飼い主の心情に寄り添いながら、動物の愛護を重視し、人と動物が安心して暮らせる共生社会への貢献を目指している。

Midori Shobo Co.,Ltd

あなたのペットが迷子になっても

2020年5月20日　第1刷発行

著　者 …………… 遠藤匡王
発行者 …………… 森田　猛
発行所 …………… 株式会社 緑書房
〒103-0004
東京都中央区東日本橋3丁目4番14号
TEL　03-6833-0560
http://www.pet-honpo.com

編　集 …………… 菊川愛美、池田俊之
編集協力 …………… 野口久美子
デザイン …………… アクア
イラスト …………… 浦　志都佳
印刷所 …………… 図書印刷

ISBN 978-4-89531-425-1　Printed in Japan